最美的昆虫科学馆

小昆虫大世界

狡猾的超能力——红蚂蚁、狼蛛

〔法〕法布尔／原著　胡延东／编译

天津出版传媒集团
天津科技翻译出版有限公司

前言

《昆虫记》是法国杰出昆虫学家、文学家法布尔的经典之作，它详细记载了多种昆虫的本能、习性、劳动、婚姻、繁衍、死亡、丧葬等习俗，堪称一部了解昆虫的百科全书。

然而《昆虫记》的意义又不仅于此，全书从人文关怀的视角出发，通过对昆虫习性的描写，展现了各种昆虫的个性特点，以及它们为了生存而做的不懈努力，体现了作者对昆虫的尊敬，对生命的关爱。

由于《昆虫记》是作者以“哲学家一般的思，美术家一般的看，文学家一般的感受与抒写”编著而成的史诗，也是尊重生命、讴歌生命的典范，所以它问世这一百多年来，便一版再版，先后被翻译成五十多种文字，一次又一次在读者中引起轰动。它的作者法布尔，也因对科学和文学方面的双重贡献，被誉为“科学诗人”“昆虫世界的荷马”“昆虫世界的维吉尔”。

作为中国中小学生的必读课外读物，《昆虫记》因其知识性和趣味性而备受关注，但它毕竟是一部科普巨著，这对课业繁重、理解能力有限的中小学生来说，是一项很大的“阅读工程”。所以本系列丛书就根据原版《昆虫记》所提供的有关昆虫生活习性的资料，以简单通俗的语言将每种昆虫的特点简要呈现出来，省去原书中专业化的术语及大量反复的实验论证过程，保留原书的叙事特色，让孩子在轻松愉快的阅读氛围中体验到昆虫王国的奇特。

本套《昆虫记》共分十册，其中《狡猾的超能力——红蚂蚁、狼蛛》着重讲述了石蜂等昆虫的记忆力，红蚂蚁、狼蛛、蛛蜂、步甲蜂等几种昆虫的生活习性以及昆虫界的一些共同的话题，它们有抢夺奴隶的人贩子，有狡猾的猎人，有杰出的建筑家，还有些昆虫拥有我们人类所没有的超能力。总之，人类想也想不到的事情，在昆虫世界却习以为常，这正是《昆虫记》的魅力所在！

目 录

石蜂的辛劳与悲哀

伟大的经历

一群学生正在用麦秸捣一个蜂窝，吃里面的蜂蜜，年轻的老师看到之后，便停下了讲课，和自己的学生一起开始寻找蜂窝，舔食蜂蜜。

这个被破坏了的蜂窝，就是那只倒霉石蜂的家。

它之所以被称作石蜂，是因为它的房子是由石子、混凝土、石灰等造成的，它就像一个泥水匠一样，将上述这些材料混合起来，制作成一个简单的巢。这种会用建筑材料盖房子的石蜂，在生活习性上与其他蜂类并没有太大的区别，也是先准备好窝，之后往里面储存食物，然后将卵产在食物上，最后封锁洞口，防止敌人进入。作为一个长辈，它为孩子做完了这一切，便在凛冽的寒风中死去。来年，它的幼虫将会在母亲精心布置的窝中吃饭、睡觉、成蛹，最终蜕变成一只真正的石蜂，然后像自己的母亲一样，重新经历筑窝、储食、产卵及死亡的过程。一代代石蜂都是这样生活的，没什么值得大书特书的地方。

这位年轻教师就是我，石蜂的生活经历给我带来太大的震撼，从此，我便开始了昆虫研究。

我的家乡就有两种石蜂，一种是高墙石蜂，其雌蜂有深紫色的翅膀，身上披着黑绒一样的黑色外衣；而雄蜂身上没有“黑绒服”，却有鲜艳的铁红色绒衣。还有一种石蜂，叫作西西里石蜂，它的体形只有高墙石蜂的一半，而且雌蜂与雄蜂之间也没有那么明显的差别，它们都有紫色的翅膀，只是身上穿着棕色、深红色或者灰色的外衣而已。除这两种之外，我还发现了棚檐石蜂、卵石石蜂、灌木石蜂等，它们都有各自的体形特色和生活习性。

高墙石蜂主要生活在北方省份，它们喜欢在朝阳没有涂泥灰的墙上筑窝，这样就不用担心泥灰因为潮湿或者暴晒而剥落，进而影响窝的牢固性。

实际上，有的窝不仅仅是居住一代石蜂，也可能居住两代石蜂，甚至更久。因此，它必须将窝建在很牢固的地方。当然，如果找不到人家，石蜂还会将窝建在田野中的卵石上，或者建在任何石头上，只要所选的基础结实就好。

西西里石蜂无论在窝的选址上，还是在窝的建造上，都与高墙石蜂有所不同。它对窝址的选择不是很讲究，可能会建在屋檐下的瓦片上，也可能建在房子的玻璃上，或者其他什么角落。

西西里石蜂最令人好奇的地方，就是喜欢改变窝的基础，例如，它们的

窝看起来非常沉重，好像只有建在岩石上才稳妥。但它却出人意料地将窝建在空中，挂在一根树枝上。有时候，它们甚至将那臃肿的窝建在一根仅有麦秸秆粗的树枝上，看起来奇怪极了。

灌木石蜂更为奇怪，它总是将窝建在石榴树枝上，这里一点儿都不坚固。秋风吹掉了树叶，冬风吹断了树枝，都能造成它的窝不复存在。因此，它的窝不能当作遗产传给后代，窝里面的卵能否顺利成长为灌木石蜂都很令人怀疑。但这样做也是有好处的，至少可以防止暗蜂、卵蜂虻、褶翅小蜂等寄生虫来捣乱。

卵石石蜂的窝自然建立在卵石上，这样容易远离同类，避免被同类抢占窝。但仍然无法避免灾难，暗蜂、卵蜂虻、褶翅小蜂等寄生虫也会经常造访它的窝，抢它的粮食，霸占它的窝，甚至杀害它的幼虫。

由此可见，无论哪种石蜂，在为窝选址的时候，都很谨慎，既要保证窝本身的安全，还要顾及同类对自己房屋的抢夺，更要提防寄生虫的破坏。所以，每种石蜂在建造窝的初期，都会小心、谨慎地选一个“风水宝地”。

热情的建筑工

在造房子方面，石蜂比别的昆虫厉害许多，它们从不马马虎虎地造出一个“豆腐渣”工程。

造房子之前，石蜂们首先选择一种石灰质黏土做材料。然后，在黏土中加入一点沙，用唾液粘起来，垒在窝上。它们从来不在潮湿的地方建房子，虽然这样可以节省一些唾液与和泥的工作，但湿土的凝固性不好，造出来的房子不结实。

石灰质黏土是不太容易得到的，只有大路上才有这种材料。所以我们经常会看到成群的西西里石蜂在公路上、小径、路边嗡嗡地飞舞，不会因为人来人往而被吓跑，不会因为牲畜走来走去而担心，更不会因为太阳的炙烤而躲起来。它们甘愿冒着被人或牲畜踩死的危险，热情洋溢地寻找路上的石灰质黏土。

一旦找到石灰质黏土，西西里石蜂便立刻停在最干、最硬的地方，伸出大颚啄，伸出前腿扒拉，然后选出一粒沙放到自己的颚里翻动几下，分泌一些唾液搅一搅，和成一团砂浆，然后迅速抱着这团砂浆回到自己家。

它们总是将砂浆放在一块卵石上，做成一个垫子，然后再吐一些唾液，放上一块像扁豆一样大小而且有棱角的石子，压结实。在石子棱角之间的缝隙里，再涂上一层砂浆，这样就做成了粗糙但却结实的外层。内层的做法与此类似，只是里面多涂了一层砂浆，这样就能防止石子的棱角会扎到幼虫娇嫩的皮肤。待准备好食物、产卵完毕之后，它还会在蜂窝的外面加一层防水、防热的罩子，这样整个蜂窝从外面看来就是一个圆拱形建筑。风干之后，这个建筑看来就像一个土坷垃，没有任何特别之处，谁也不会想到里面躺着石蜂的孩子。

这样来回不断地寻找石灰质黏土、带棱角的小石子，一直到窝和蜂房最后做好，一只石蜂要飞行15千米以上，而卵石石蜂若想为孩子建造一栋差不多的别墅，至少要飞行400千米——这已经差不多跑了半个法国了！

房子建造好了，轴线与基石保持垂直，洞口朝上以防止蜂蜜流出来，然后石蜂们就忙着储存食物了。

抢你财产占你屋

每只蜂在建造房子的时候都很卖力，因此，为了造房子而累死的石蜂比比皆是。所以，很多石蜂不愿意这么辛苦，它们通常不建造新房子，而是找个旧的重修一下，或者直接抢占别人的房子。在石蜂家族中，抢房霸屋的行为很常见。

一只急着要产卵的石蜂，如果没时间盖房子，它就会找一个旧窝，修整一番，然后住进去，首先宣布房子的所有权。一旦有其他石蜂妄图染指这个房子，它便对来客穷追猛打，直至将对方赶出这个它认为只属于自己的屋子。

一只石蜂采蜜回来之后，惊奇地发现已经有别的石蜂抢占了自己的窝。于是，它毫不客气地向来客发动了攻击。来客可能没意识到自己抢占了别人的屋子，也不甘示弱，两只石蜂很快就扭打在一起。它们一会儿又分开了，面对面地站着，似乎正嗡嗡地骂对方。“骂”了一会儿，又争先飞到这个窝中。那个真正的业主，因为房子是自己辛辛苦苦盖起来的，所以理直气壮地

站在窝的上面，坚决不离开半步。来客只要试图靠近，它便激动地拍打着翅膀，似乎正愤慨地谴责对方，可能也准备与对方决一死战。来客到底理亏，不敢恋战，就放弃了这个窝，飞走了。

在石蜂对窝的争夺战中，最终取得胜利的总是先前的主人，哪怕来客在主人外出的过程中也对窝做出了贡献，但由于它是后来者，在先来后到的原则下不占理，最后不得不放弃。不是因为它打不过主人，而是因为它理亏，自认为没有资格获得房子的拥有权。

虽然抢夺别人财产者最终总是以失败告终，但石蜂之间的抢房霸屋行为依然很严重，即使是喜欢群居的西西里石蜂，彼此也算不上友好，它们只是不喜欢孤独地生活，因而愿意将房子建在一起罢了。事实上大家虽然住得很近，仍然各自忙自己的事情，从来不会主动帮助别人，只要能保证在建房子的过程中不妨碍邻居就好了。不过，整体来说，群居生活有好处，起码大家在一起时劳动热情比较高，而且产完卵后，大家会一起为所有的蜂窝做罩子，这也是好处之一。

一个工作狂

几乎所有的昆虫，它们身上都有值得我们敬佩的地方，石蜂也不例外。在往返400千米建好房子之后，尽管累得够呛，仍旧精神抖擞地投入到新的劳动中，丝毫不肯停下来歇一歇，好像一点儿也不觉得辛苦。接着，它们就不停地采蜜、采集花粉，开始储存粮食了。

实际上，石蜂不仅勤劳，而且很有计划，它从来不会白白地飞一次，空手回去。即使在它出外寻找石灰质黏土时，只要有机会，它也会采些花粉带回去。在房子彻底竣工之后，它更是日夜不停地采集花蜜，为后代储存粮食。

它总是急急忙忙地冲出家门，直奔那“山花烂漫”处，一刻不停地劳动。不一会儿，它的工具箱就装满了食物：蜜囊中装满了蜂蜜，腹部下面沾满了花粉。然后，它就飞回窝里。先把头伸进窝里，一会儿，它便抖动身子，吐出蜜浆。然后再出来，但是很快又后退着钻进去，用两条后腿刷着自己肚子的下部，将花粉刷下来。之后再出来，把头伸进去，伸出大颚，仔细

地将蜂蜜和花粉搅拌均匀后，再出去采蜜。

需要说明的是，石蜂并不是每次回来都要将蜂蜜和花粉搅拌一下，而是它觉得里面的蜂蜜和花粉累积很多了，这才搅一搅。

石蜂就这样天天采呀，刷呀，搅呀，直到食物堆满了半个蜂房，这时候粮食就够了。

粮食准备好了，该歇一歇了吧？不！勤劳的石蜂一刻也不停，倒像休息了很久一样，重新精神抖擞地投入到新的工作，产卵，封窝。它将卵产在蜜浆表面，之后就马不停蹄地找那些防水、防热的材料，直到将蜂房给封闭起来后，这个蜂房就不必再管了。接下来，它又急急忙忙对另一个蜂房储存粮食，产卵，封窝，一直将所有的蜂房都储满粮食，产卵，再封闭起来。然后，它再盖另一所蜂窝，重复上面的过程。

由此可见，石蜂从来到这个世界的那天起，就是不停地盖房子、准备粮食、产卵、封闭蜂房，一直到累得筋疲力尽，才不得不停下来，找一个隐秘的地方静静地死去。如果我们能听得懂它的临终遗言，它肯定骄傲地对世界说：“我尽力了，我对我做的一切很满意。”然后无憾地死去。

它是个傻瓜

雷沃米尔说，首先用一个玻璃漏斗将高墙石蜂的窝罩起来，然后用纱布堵住漏斗口，放出三只石蜂。但这些一出生便首先去钻像石头一样坚硬灰浆的石蜂，却不打算钻破纱布，或者说没能力钻破一层薄薄的纱布，以至于活活困死在漏斗里。因此，雷沃米尔得出这样的结论：昆虫只做自然条件下才会做的事情，在人为创造的实验室里什么也不会做。

我取出一些石蜂茧，放到一端封闭、另一端敞开口的竹节中，并使石蜂的头朝向洞口。最后，我分别用跟灰浆材料相似的干土块、高粱秆、灰色纸片做竹节的塞子，静等石蜂破茧而出。

结果，无论哪种材料做的塞子，石蜂无一例外地在塞子上钻了一个洞，然后出来，连纸质的塞子也是如此。

由此可见，它们不是没有能力钻破障碍。

我又拿出两个完好无损的窝，将它们放到罩子底下，再为其中一个窝紧紧贴上一层灰纸，中间不留空气，做成了一个比围墙更厚的障碍。而将另一个窝，也这样做成一个更厚的障碍，只是纸与窝之间不是紧密相连的，而是有一点空隙，这样石蜂就不得不钻两次。

实验结果更令人吃惊：那个两层障碍中间没有空隙的窝中，石蜂在比正常的窝更厚的墙壁上也钻出了一个洞，顺利地钻出来。而另一个两层障碍中间有空隙的窝中，石蜂只钻出了窝，却没有钻眼前那层薄薄的纸，最后在纸罩中活活困死了——雷沃米尔的石蜂就是这样困死的。

这个傻瓜！难道它宁愿钻一个很厚的墙壁，也不愿意钻两层薄薄的墙壁吗？

现在结论出来了：石蜂并不害怕钻洞，每个石蜂来到世界上都要先钻破窝，然后自由地飞翔在田野中。无论它面前的墙壁是薄还是厚，它都会尽力钻出一个洞，走出那个狭小的世界。但它又是极愚蠢的，一生只钻一次，从来没想过钻第二次，哪怕第二次的墙壁只是一层薄薄的纸、它有足够的能力钻出来，但它宁愿活活困死在里面，也不知道再钻一次就出来了。

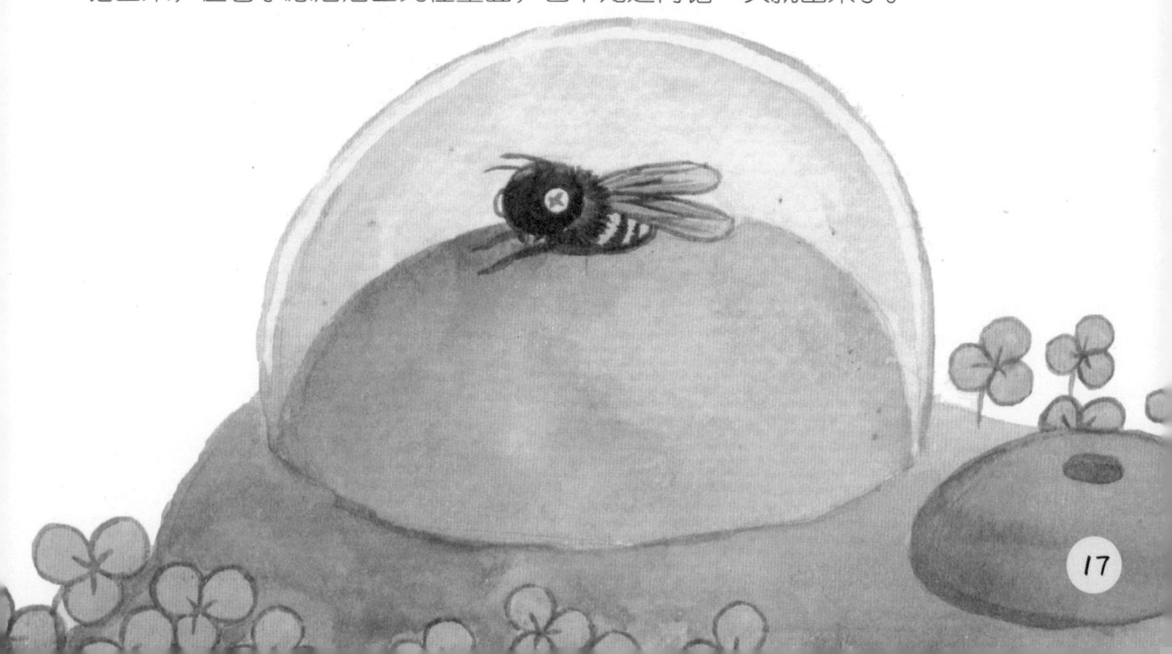

它是个呆子

为了验证石蜂是否能凭着记忆回到家中，我忍着被石蜂蜇的刺痛，亲手拿着石蜂，一只只为它们做记号，然后将它们带到距离它们住处4千米远的地方。最后，不管是逆风的天气，还是暴风雨将要来的天气，这些做了记号的石蜂（除了那些因为做记号时不小心被我掐残了不能远距离飞行的石蜂），无一例外都回到自己的窝中，顺便还带着花粉和蜂蜜。其中最快的一只，逆风飞行4千米，仅仅用了40分钟。最令人惊奇的是，在4千米外的释放处，石蜂们虽然惊慌地四面八方乱飞，但很快，它们的飞行方向便一致转向窝所在的位置。

然后，我将石蜂的窝与它的根基拆开，并列放着，使得石蜂一眼能看出来家的位置。结果石蜂回来之后，直奔窝原来所在的地

方，但这里只剩下空空如也的石头。它不停地在这块石头上探索着，然后又飞走，很快再回来，依旧在那块石头上寻找。这样反复寻找了好几次，它仍旧没有找到自己的窝，便永远离开了——尽管那个混着它唾液的窝就在两米开外，它一定看见了，但它却不认为那是自己的窝。后来我又改进了实验，将窝与石头离得更近一些，但它仍然只认得石头，不认得窝。

我又搞了很多恶作剧性的实验，保留基石不变，只是不停地将别的蜂窝换给它，结果它在那个不是自己的窝里，依旧热情洋溢地干活。如果你一会儿给它换一次窝，那么它就一会儿为自己的窝干活，一会儿为别的窝干活，一点儿都不觉得自己的窝已经被人动过手脚了。

更好笑的是，如果它自己的窝本来处于建造阶段，结果被换了一个已经建造好的、粮食也准备好，甚至卵已经产下的窝，它仍然只记得自己的窝还处于建造阶段，仍然热情地抱灰浆，再为这个窝垒一层，结果这个窝就奇怪地比正常的窝高出很多。然后，它像按照某种固定程序一样，为这个已经不需要蜂蜜的蜂房添加蜂蜜，只是发现蜂房很快就添满了，这才不添了。它也不管这里面是不是已经住着另外一只石蜂的孩子，仍旧按照既定程序往蜜浆

里产一个卵，然后再封住蜂房。

如果它自己的窝已经建造好了，结果被换成一个还没有建造好的窝，它飞回来之后会非常疑惑。因为根据它固有的程序，它下一步该储存粮食了，而不是该建造房子了，所以它绝对不会停下储存粮食的脚步来盖房子，而是在这里探索一会儿，找不到答案，便去抢占一个已经建造好的窝——因为它的下一个程序一定是储存粮食，之前必须已经存在一个完好的窝。

至于其他调换，大房子换成小房子，或者小房子换成大房子，或者破窝换新窝，只要两者处于同一阶段，即都是盖房子阶段，或者都是储存粮食阶段，它都会在那个不是自己的窝中，热情洋溢地做原本该做的事情，好像一切的对调行为都没有发生一样。

可笑的是，即使你当着石蜂的面，让它眼睁睁地看着你调换它的房子，最后它依然会在那块石头上、已经不是自己的窝里劳动！

更好笑的事情还在后面。

当我发现石蜂所做的一切都是按照一定程序按

部就班地进行时，便又搞了一个恶作剧。

我发现，石蜂每次采蜜回来，都要先把头伸进蜂房，吐出蜜囊，然后出来，再倒退着进去一次，刷下身上的花粉。由此可见，吐蜜囊和刷花粉是一前一后两个动作。

于是，当我发现一只石蜂吐出蜜囊，完成第一个动作之后，便用一个麦秸秆将石蜂赶开，这样它就没完成刷花粉的动作。然后我仔细观察，发现那只石蜂很快又飞回来了，果然不出所料，它仍旧要从全套动作开始——先将头伸进蜂房，然后准备吐蜜囊。

可是，蜜囊它刚刚已经吐出去了，现在它的蜜囊已经空了。它似乎没有意识到这一点，依旧装模作样地做了一个吐蜜囊的动作，然后才开始刷花粉。

这个实验无论进行了多少次，只要刷花粉的动作没有完成，石蜂总是装模作样地先把头伸进去，吐一个根本不存在的东西，哪怕它已经意识到蜜囊已经不存在了，可它依旧将头伸进去，弯一弯，做做样子，一定要完成这个动作。

事实上这个动作已经没有意义了，但它却是刷花粉之前必须存在的动作。也就是说，这两件事在石蜂看来，其实是一个程序，一定要先有前面的程序，后面的程序才可以运转。

由此可以确定：石蜂虽然勤劳，但却总是做一些很愚蠢很滑稽的行为，它只是一个傻呆呆的低等生物而已。

呆得可悲

在石蜂储粮的阶段，我用一根针在蜂房的底部扎了一个洞，里面的花粉、蜂蜜很快就流出来了。

石蜂回家之后看到这种情况，又飞走了。但却不是去寻找建筑材料补窝，而是带着蜜囊和花粉回来了。然后按照储粮的正常程序，涂蜂蜜，刷花粉，搅拌，似乎根本没意识到蜂窝的洞口会带来什么灾难。下一次，它依旧带回来蜜囊和花粉，而不是补洞口的建筑材料。

即使我当着它的面扎破它的蜂房，它依旧忙着储粮而不是补窝。最后，它觉得该到产卵的阶段了，不管这个蜂房是否正在漏蜜，依然在里面产卵，然后找一些防水、防热的材料，将蜂房给堵住了。两三天之后，蜂房里的蜜就漏完了，里面的石蜂卵将来肯定会活活饿死，但石蜂根本不关心这些。

因为，现在是它的储粮阶段，盖房子和修整房子阶段已经过去了，它不会停下目前的工作，再回过头来修整房子。这需要很聪明的头脑，可惜它们还不够聪明。

但是，如果换一下实验内容，情况就不同了。

在石蜂盖房子的阶段，我又用针在

它的蜂房底部扎了一个洞。石蜂回来之后，很快就发现了这个洞，立刻用石灰质黏土把它补上了。

在石蜂已经盖了几层的房子里，我又用针在底部扎了一个洞，即使石蜂正忙着建筑上面的房子，可它很快就发现了底部的洞，于是又飞快地将它补好了。

在已经产了卵并且准备盖防水、防热的盖子时，我用针，在紧靠盖子的地方扎了一个很大的洞，但不至于使蜂蜜流出来。石蜂发现了之后，特意飞出去找来石灰质黏土，而不是防水、防热的材料，飞快地将缺口给补上了，然后继续造防水、防热的盖子。

后面的这几个实验，石蜂之所以很快就堵住了洞口，因为它这时候正处于盖房子、修整房子的阶段，堵洞口属于修整房子的内容，它自然将它堵上。最后那个实验，虽然不是盖房子的阶段，而是造盖子、封锁洞口的阶段，但由于我在盖子的附近扎了一个洞，跟盖子紧密相连，石蜂就将它当作造盖子的阶段，给堵上了。

有一点值得表扬的是，跟盖子紧密相连的地方，是用石灰质黏土造成的，而不是用盖子那样的防水、防热的材料造成的，石蜂竟然会区别两者的不同，特意找来一些石灰质黏土，将洞口堵上了——而石灰质黏土是第一个阶段，盖房子阶段才用到的材料，而不是第三阶段——堵蜂窝口阶段用的材料！

可是，即使是同样堵蜂窝口的阶段，如果在蜂房的底部，而不是接近盖子的地方扎一个洞，石蜂就不会将它当作造盖子的阶段而给堵上，只能任凭蜂蜜漏光，孩子活活饿死。

可怜的母亲！就因为一定要按程序办事，结果不但白白为这个蜂窝忙活了那么久，而且间接害死了自己的孩子，实在是可悲呀！

无语……

实际上，石蜂那呆呆傻傻的行为造成了很多麻烦，它那种傻瓜式的思维，让你好笑，又让你无话可说。

石蜂是很爱清洁的家庭主妇，根本不会允许自己的蜜罐里有任何异物、垃圾。所以，它在储存粮食的阶段，如果不小心碰掉一粒灰浆，它会小心翼翼地将垃圾给扔出来，唯恐将来碰破孩子那娇嫩的皮肤。

我曾经特意在蜂蜜上放了五六根1厘米长的麦秸秆。石蜂发现之后，一根根将麦秸秆衔走，并且扔得远远的——它甚至衔着这根麦秸飞过十米高的梧桐树，然后才把它扔掉，由此可见它对垃圾的深恶痛绝。

既然石蜂能识别出垃圾来，那么……

这次，我将石蜂在一个蜂房产的一个卵，放到另一只石蜂蜂房的蜜浆上。很快，另一只石蜂就发现了蜂房的异样，于是它毫不客气地将这个卵扒拉出来，像扔麦秸秆一样，远远地将它扔掉了——这可是它的同类，它的邻居！但它不管，在它看来，只要不是自己的孩子，蜂蜜里的异物统统都是垃圾，它一定要把垃圾清理出去。

原来，石蜂这么辛苦地工作，但仅局限于对自己的家庭热忱奉献，对旁人的事情却没有一点慈悲之心，甚至有些残忍，大家都是只顾自己。

甚至，如果你打乱了它的固有程序，它对自己的家庭也是很冷漠的。

在一个正在封蜂窝口的房子里，我又放进去一根10厘米长的麦秸秆。但这次，它却没有将这个垃圾拣出来扔掉，仍旧埋头封窝口。在此过程中，它外出好多次去寻找防水、防热的材料，但就是没有顺便将垃圾衔走。最后这个优秀的泥瓦匠将蜂窝封好了，窝看起来整整齐齐的，很美观，但就是突兀地多出来一根麦秸秆！

——因为这是它造盖子的阶段，而不是储存粮食阶段。拣垃圾行为只在储存粮食阶段才有，哪怕垃圾会扎着孩子幼嫩的肌肤，它也不管，因为它是不可能回过头来执行前面的程序的，只能执行后面的程序。

令人奇怪的心理

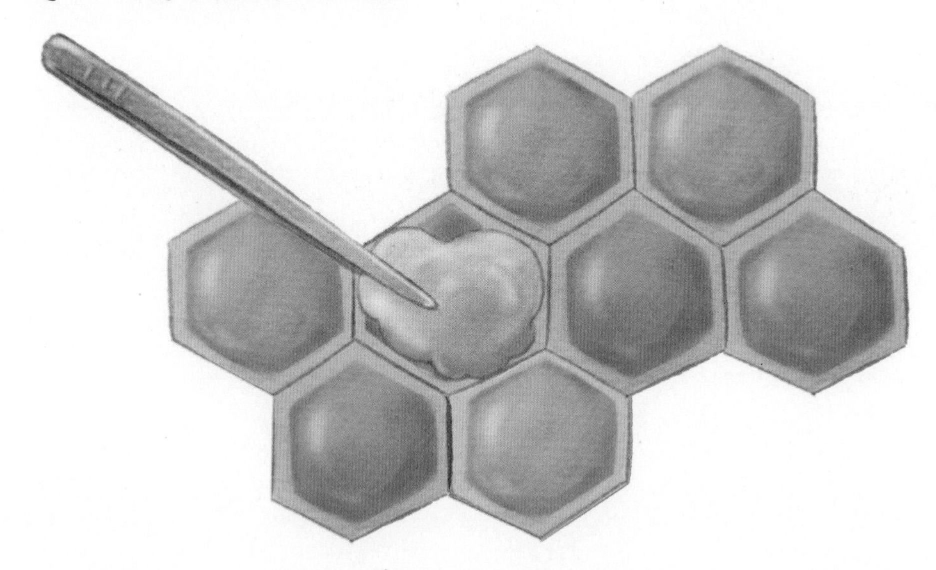

石蜂储存了一定数量的蜂蜜之后便开始产卵，封窝口。如果仔细观察幼虫的食量，会发现，母亲为它准备的粮食不多也不少，总是刚好吃完，就可以准备变成蛹了。

石蜂是怎样知道孩子刚好需要多少蜂蜜呢？

你若说它记得自己小时候吃过多少蜂蜜吧，这也不可能。就拿我们人类来说吧，谁又记得自己小时候吃了多少口奶？

也许你会说它有测量工具吧！因为蜂房蜜的厚度总是整个蜂房高度的三分之一，但是，石蜂没有这样精密的测量工具呀！

难道石蜂的眼睛很厉害，总能目测自己需要多少蜂蜜？我们还是不要高估它的智商了。

在石蜂的五个蜂房里，我用镊子夹着一团棉花，将蜂房的蜂蜜给吸走。石蜂不停地往蜂房里储存粮食，我就不停地用棉花吸走，有时候甚至就当着石蜂的面干这件坏事。但石蜂无动于衷，仍然热情地往蜂房里放蜂蜜，它看到窝中残留的棉花，甚至还小心地将它们拣出来，像扔其他垃圾一样将它们

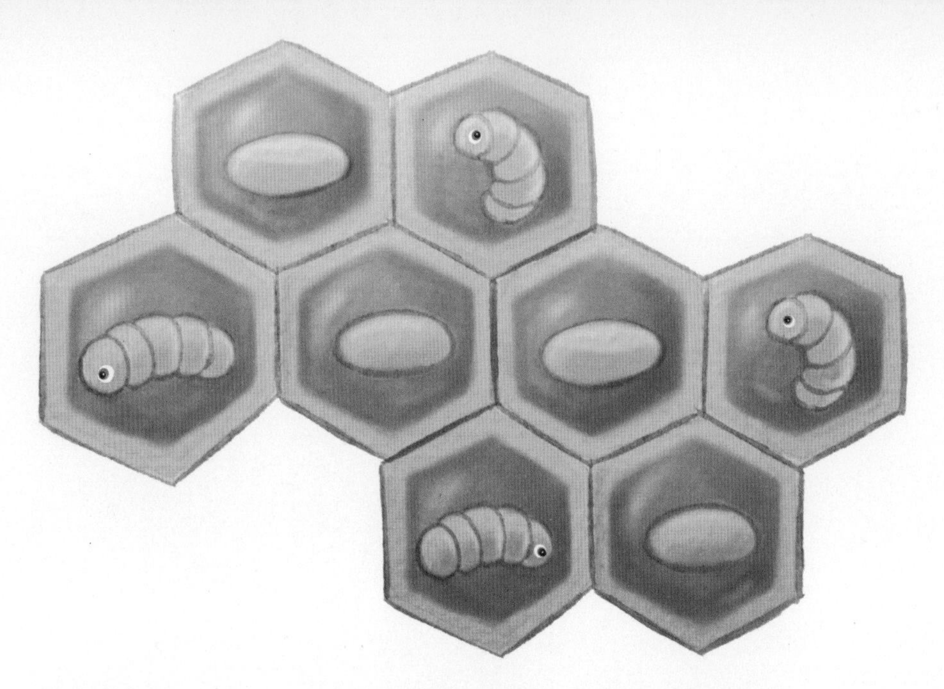

扔得远远的。最后，它觉得不需要蜂蜜了，便停止储粮活动，产卵，然后将蜂窝给封住了。

我捣开蜂窝，发现蜂房中，不管蜂蜜有多少，都产下了卵。由于我之前不停地用棉花吸它的蜂蜜，有的蜂房中只剩下3毫米、1毫米厚，有的甚至一点蜂蜜也没有，我只是稍微发了一点儿善心，用沾蜜的棉花，在墙壁上轻轻刷了一层蜂蜜，但这些少得可怜的蜂蜜上，无一例外都躺着一个卵。

也就是说，蜜蜂衡量粮食的多少，并不是根据目测，觉得粮食够了才停止储粮。它只是受习惯的趋势，心里觉得干得差不多了，便停止储存粮食，然后不管窝中的粮食够不够孩子食用，不管孩子将来会不会饿死，毅然决然地在这里生下孩子，封锁洞口，然后继续下一个程序。

如果石蜂稍微有一点点判断能力，有那么一点点智慧，它就不会让这样遗憾的事情发生。但是，它只是一只按照固定模式办事的傻瓜，不管发生什么意外，它只是按照自己的原定程序办事，直到它认为已经做完了该做的事情，然后便在寒冬到来之前，冻死或者累死。不管自己这种愚蠢行为会对孩子造成多大的伤害，它临死前依然会坚定地说：“我今生无悔！”

可恶的寄生虫

石蜂一直都在忙忙碌碌地干活，从不休息。当太阳的光辉被夜空遮住之后，它们才停止劳动，在自己没盖好的窝中休息一会儿。但实际上并不是纯粹的休息。它就像瓜农守在茅草庵中看着自己的瓜一样，只让身子的一半在窝中，低着头，使腹部的末端露在外边。它这样辛苦地躺着，可以堵住洞口，防止坏蛋来抢它的宝贝。第二天太阳出来，重新普照大地时，石蜂又开始新一天的忙碌。这样一直到整个蜂窝建好、每个蜂房都储满粮食，然后它产下卵，造好盖子，满意地飞到另外一个地方，重新造一个新房子。

它认为，孩子在自己精心建造的坚固房子里，冬日的寒风吹不着，雨水、雪水渗不透，孩子们一定会在这个别墅里快乐健康地生长。可是一旦可恶的暗蜂或者束带双齿蜂造访它的别墅时，石蜂的后代将面临无法估量的灾难。

暗蜂和束带双齿蜂是寄生虫，它们不但霸占石蜂的窝，而且纵容它们的孩子抢夺石蜂妈妈的蜂蜜，甚至可能杀死石蜂的孩子。一旦暗蜂或者束带双齿蜂发现石蜂的窝，那么石蜂辛辛苦苦打造的安全、温暖的别墅，将彻底沦为寄生虫们的“殖民地”。

实际上，侵略者除了暗蜂和束带双齿蜂，还有十几种，被寄生虫祸害的

石蜂窝，几乎占所有石蜂窝的一半。因此可以说，只要有石蜂存在的地方，存在寄生虫的概率高达50%，它们的数量与石蜂的数量是一样多的。

暗蜂和束带双齿蜂是最大的入侵者，它们总是偷石蜂的粮食。当石蜂外出时，暗蜂就打破石蜂窝上的盖子，在每个蜂房里都产下自己的卵——石蜂一个蜂房只产一个卵，暗蜂可是毫不客气地在这里生下一堆卵，最多时甚至产下12个孩子。为了防止石蜂赶走自己的孩子，暗蜂甚至狡猾地将自己打破的洞口，再用红土给补起来。

最可悲的是，石蜂幼虫根本就没能力赶走数量众多的侵略者，不要说一群，就是一个，它也很难战胜。因为，寄生虫们总是比石蜂幼虫吃得快！长得

快！所以刚开始的时候，这些寄生虫们还像石蜂的亲兄弟一样，相安无事地一起享用石蜂妈妈准备的粮食。当粮食吃完之后，暗蜂便开始织茧，而石蜂因为没吃够，还没能力织茧，最终只能活活饿死，或是被暗蜂兄弟给吃了。总之，石蜂妈妈一心期待它的孩子健康生长，但可怜的孩子连长大的机会都没有！

更可气的是束带双齿蜂，它总是当着主人的面，毫无顾忌地接近它的蜂房，趁主人不注意，一下子溜进蜂房，大口喝几口蜂蜜出来，这一点可以从它嘴边的蜂蜜和花粉就看出来。然后，它也在里面产卵，因为它总是偷吃一定的蜂蜜之后，便头朝外，腹部朝里，这个动作就是在产卵，将来它的孩子

就可以不劳而获抢夺石蜂幼虫的食物了。只要束带双齿蜂进过的石蜂蜂房，最后出来的总是一只束带双齿蜂，石蜂幼虫早已经被这些侵略者谋害了。

卵蜂虻、褶翅小蜂、佩剑蜂这三个坏蛋，虽然不偷吃石蜂的蜂蜜，但它们却在石蜂幼虫变成茧在窝里昏睡时，偷偷潜入它的卧室，专门啃它那肥得流油的身体，直至将它吃掉。

还有一种寄生虫，很滑稽的被石蜂平和地接受了，这种寄生虫就是壁蜂。壁蜂的体形较小，所以需要的房子也很小，它们总是将房子建造在石蜂的蜂房里，一个石蜂蜂房甚至可以容纳七八个壁蜂蜂房。最后，虽然壁蜂没有在这里搞破坏，但是石蜂们却不愿意自己的房子里再套一个房子，它不会赶走它们，最后只得自己另盖一所新房子。

由于寄生虫们的捣乱，最后，曾经温暖的石蜂窝变成了可怕的荒园，只剩下干枯、腐臭的无生命物——已经变酸的蜂蜜和没能力钻破蜂房的幼虫尸体。最后，喇叭虫、蛛甲等这些专吃残留物的家伙，来到这个衰败的家园，将石蜂已经变质的蜂蜜和已经变干的尸体一起吃掉。一阵秋风吹过，这里什么也没有了，只剩下一座毫无生机的庄园。来年，也许一只不想盖房子的石蜂，会发现这个残破的屋子，修修补补，又和它的孩子住进去了。

悲剧永远也不会结束！

小贴士：石蜂的情感世界

你知道吗，虽然石蜂看起来一副任人欺负的样子，可它也有闹情绪的时候，它的情感很丰富。

打比方说，一只已经盖好房子、储存好蜂蜜的石蜂回来之后，发现自己家遭到了破坏，例如被我调换走了，或者被大风吹走了，它就会变得很愤怒，它可能会说："谁把我的房子搬走了！哼！别想着我好欺负！我也去欺负别人！"然后，它便毫不犹豫地撬开另外一只石蜂的房子，把别人的房子据为己有。

但是，只要它的卵有地方可放，它的愤怒就到此为止了。它不会闯进别人的家里，将别人的孩子扔出去，然后像寄生虫一样在这里捣乱。它的怒火在它撬开别人房子的那一刻，已经消失了。然后，我们会看到，它像没发生任何事情一样，跟其他石蜂一起，采集蜂蜜，或者寻找石灰质黏土，依然老老实实地修建房子，储存粮食，不再想着抢占别人屋子这样的坏事，除非它的房子又遭到了意外。

由此可见，石蜂还算是一个可爱的小家伙，它撬开别人的屋子，只是因为它觉得自己的屋子被别人抢占了。可只要平息了自己的怒气，它依旧热情洋溢地、勤快地建造自己的房子，即使有一堆蜂窝摆在它面前，它也绝不想再去搞破坏，或者不劳而获。它比那些不劳而获、专门伤害别人的寄生虫们强多了。

它们自从来到这个世界就不停地干活，最后连见自己孩子一面、听它们甜甜地说一句“妈妈！您辛苦了”这样的机会也没有，难道它们不会觉得委屈吗？更何况，大多数情况下，它的孩子和窝都因为寄生虫的捣乱而变得没有意义了，难道它做这一切不觉得不值吗？

不会！它什么感觉也没有，它只知道不停地劳动，哪怕你当着它的面将它的窝扎一个洞而使蜂蜜都漏掉了，它也无动于衷。它所有的生活，除了撬开别人的窝这个小小的报复，就是按照自己既定的程序一直劳动，哪怕累死。

实际上，对石蜂来说，不公平的事多了。除了那些不劳而获的寄生虫们，石蜂的雄蜂也活得很快活。雄蜂不劳动，不造窝，什么也不干，为整个家庭忙碌的事情，从来都是雌蜂的事情。雄蜂只会一边躲在花朵中吃蜜，一边向石蜂女士们献殷勤，如果不出意外，它最后总是享受完人生之乐才死，而不是像雌蜂那样累死。

昆虫的记忆力

石蜂对家的忠贞

石蜂无论到过哪里，不管是熟悉的还是陌生的地方，它最后总能返回自己的家，就像我们的狗狗、猫咪总记得回家一样。

我有足够的证据证明这个结论。

我的计划是这样的：抓几只石蜂，在它们身上做一些特殊的标记，然后将它们带到它们从来没去过的远方，看看它们是不是一样能够返回自己的家。

我用一只玻璃试管罩住两只正在劳动的石蜂，它便飞到试管里，我立即将它转移到一个纸杯里，最后再放到白铁盒中。然后我找了一些白垩，将它融化在树胶里搅匀，做成粉浆，再用一根麦秸秆蘸一下粉浆，最后点在石蜂翅膀之间的中胸上。

然后，我把它们带到4千米外的地方，释放了。由于我这个实验是在傍晚进行的，所以我猜想它们可能会在那个地方过夜。第二天一早，我便急着查看实验结果，上午十点钟，我看到了一只胸部有白色标记的石蜂回来了，没错，它就是我的那只石蜂。你也许想不到，它寻找回家的路一点儿也不困难，因为它还抽空采了蜜回来呢！另外一只却没有回来。

这次我抓了五只石蜂，也用同样的方法在它们身上做了标记，也将它们带到4千米外它们从来没去过的地方释放，很快我就发现有三只回来了。

加上第一次那一只，我发现总共有三只石蜂没有回来。我仔细回想我为它们做标记的过程，心想也许是在操作的过程中不小心弄伤了它们那纤弱的腿或者手臂，以至于它们成了残疾，所以不能做远距离飞行。

这一次，我特意找了一些身强力壮的石蜂，而且一下子抓了40只，然后照样为它们做上标记，遗憾的是有20只被我弄伤了，不过仍然有20个精力充

沛的小生命会为我的实验奋斗。它们与前两批一样，也被带到它们从来没去过的远方释放。在释放的时候，我发现，刚开始那些乱飞乱撞的石蜂，很快就掉转头，向家的方向飞去。

我是下午两点的时候释放它们的，当时天气还没出现异常，可一会儿天就刮起狂风了，这是大雨要来的征兆。我的蜂儿在风雨中也能顺利返回家吗？我真是感到担心。

结果，下午2时40分的时候，已经有几只做过标记的石蜂携带蜂蜜和花粉回来了。到第二天太阳完全出来的时候，我去蜂房检查，发现已经有15只石蜂回来了，而且它们全部很平静，仍旧热情洋溢地劳动，好像根本没有被我绑架或者因为赶了远路而疲劳或者疑惑的迹象。其余5只，由于后来几天一直下雨的缘故，我没有继续观察。

实验进行到这里已经足够说明问题了：石蜂是会认家的，无论它被带到什么地方，它们最终总能返回来。

猫对老家的依恋

不止是石蜂，自然界中还有其他很多动物都有很强的归家能力，例如猫。

我家曾经养了一窝猫，我们称它们“小黄”，最老的那只小黄，已经在我们家待了很多年了，现在连它的儿子也长成一个“成年人”了。可以说，我们对家周围一带有多熟悉，它们就有多熟悉。

1870年，由于工作上的原因，我们全家不得不搬离阿维尼翁，举家迁往奥朗日。人搬走倒还容易，但是猫咪却有些困难。小猫咪们倒还好说，我们将它们放到一个篮子里盖起来，它们在里面倒也很安静。老猫就不好说了，它们恋家得很。我们家共有两只老猫，一只是这个家族的祖先，它已经很老了，所以它也被我们顺利带到了新家。另一只老猫，没办法，我们便决定将它送给朋友罗里奥尔。天黑的时候，罗里奥尔把它装到一个有盖的篮子里带走了。

可第二天，我们还没来得及搬走，一家人正坐在一起吃饭，那只浑身

上下沾满水的家伙来到我们脚下，欢快地发出呼噜呼噜声。它就是罗里奥尔带走的那只猫，它在新家里像疯了一样不停地乱蹦乱跳，罗里奥尔太太刚一放走它，它便消失得没了踪影。现在看到它出现在我们家里，我想象着这幅情景：这个小家伙一路穿过大半个城市，渡过索格河，穿过人群，躲过流浪狗，最终回到它的老家。我们为它的忠贞所感动，决定带走它。

后来我们就准备搬家了，当时那只老猫出去了，我们就请车夫最后搬运东西的时候将它带来。车夫就把它放在车座底下的箱子里，带回了我们的新家。可刚到新家，我就发现它像一个疯子一样口吐白沫，毛发倒竖，两爪气喘吁吁地乱抓——这是它离开老家太过害怕的缘故。自从搬到新家之后，它再也不像过去那般友好了，不久便忧愁而死。

9年之后，我们又从奥朗日搬到塞里昂，这时候“小黄”的家族又增添了几只成年猫，其中一只猫尤其优秀。我们搬家的时候，依旧将小猫放到篮子里盖起来，后来它们在新家有些担忧，但喂它们一些好吃的它们便忘记了离开老家的伤痛。唯独那只成年猫，搬到新家不久便消失了，我们全家人找遍了各个角落也没发现它。于是我就推测它可能回到老家了，就派人回奥朗日查看，它果然在那里，它逃回去的证明是肚子上有干了的红土。那是它游过索格河后，湿了的身体沾上了河边田野的红土所致。它被抓回来之后，被我们锁了半个月，但它整天闹腾人，于是我们就决定抛弃它，它很快又消失了，我旧居的邻居告诉我们，它正在奥朗日的旧居附近抓野兔呢！

这两次搬家的经历告诉我，成年的猫有返回老家的能力，不管路途多么遥远，不管方向多么复杂多变，它总能顺利地返回去，而且本能促使它总是走直线，走最短的距离，它们不从桥上走而改水路就是证据。

关于鸽子

我在《动物的智力》上看到关于鸽子的这么一段话——

法国的鸽子是靠感觉和经验认识方位的，它知道北方冷，南方热，东方干，西方湿，所以在飞行的时候，它就根据自己这些气象经验来指导自己。将它放到篮子里，盖起来，然后从比利时的布鲁塞尔运到法国的图卢兹。在此过程中，它们不可能像我们一样将走过的路线记在眼睛里，但它就凭着自己对气温的敏感，判断出自己正一路向南。所以在图卢兹将它放出来时，它便一直向北飞去，一直飞到当地的平均温度与老家的温度一样时，它才停下来。如果它未能准确地找到自己的旧窝，那也是不小心飞得偏左或者偏右了，它只要根据自己的常识，向东或者向西找几个小时，最后肯定能找到自己的老窝。

众所周知，鸽子具有认家能力，将它运到几百里地远的地方，它最后仍旧能返回家。至于它为什么有这种能力，这篇文章的作者认为，是因为鸽子掌握了气象常识，所以能根据周围空气的冷、热、干、湿判断方位。

如果只是在南北方向移动，那么这个解释还不错，但是如果将鸽子东西方向移动呢？干、湿的差别它能分辨出来吗？况且，关于气象知识推导出的这个结论，并不适于所有动物，比如说我家的猫。我们只是从一个城市的一端搬到另一端，并没有冷、热、干、湿的气候差别，但成年的猫依旧可以准

确无误地穿越大街小巷找到它的旧居，这明显跟气候没关系，跟视觉也没关系。还有我的石蜂，它们被运到的地方与它们的旧居也没有气候差别，况且它们才飞两三米高，不能俯瞰整个来回的地形，所以也不是视觉记忆，但它就是准确地记住了回家的方位。

那么，它们究竟是通过什么方法记住了回家的路呢？

它们有我们所不知道的器官。

旋转实验

达尔文向我建议：将石蜂装到一个袋子里，往相反的方向走100米，然后将它不停地旋转，打乱它的方向感，这时候也许它晕头转向，就找不到回家的路了。

我觉得这是一个好主意，于是从远处抓了一些石蜂，放在我的实验室里养了几个月，直到它们适应这个新家。然后，我就按照老办法，在石蜂的胸

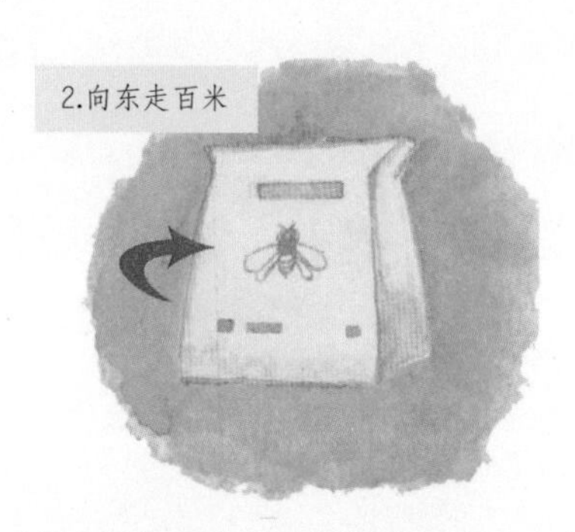

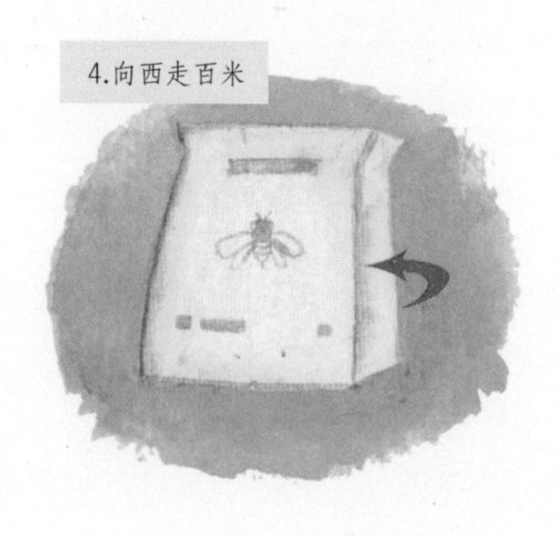

上点上有颜色标记的树胶，然后将它们装起来，放到有旋转功能的盒子里，打算将它们转得晕头转向之后再释放。

我先说明一点，我在石蜂胸部做的标记并不是永不褪色的。由于它们每次回家之后都要刷掉自己身上的花粉，而且很多石蜂还乱七八糟地挤在一起，它们身上的标记很可能会被摩擦掉。如果它们在外边过夜的话，外边的湿气、露水什么的更会磨掉它们身上的标记，如果碰到下雨天气，那就更糟了。所以我不能确保将来所有做过标记的石蜂都回来了，我只记录当天就返回的石蜂数量。

一切准备妥当，5月2日，我抓来10只石蜂，在它们胸部做了白色的标记，再将它们运到与释放地点相反方向的500米处，然后将它们不停地旋转好多圈，最后再原路返回，在半路上又旋转了三次，又走了一会儿到了释放地点，这才将它们释放。它们围绕着我转了几圈，然后便向家的方向飞去。

第二天，我又抓来10只石蜂，在它们胸部做了红色标记，然后按老办法释放了。这次我是上午11点15分释放的，11点20分，我的家人就告诉我有一只石蜂已经回来了。中午我回到家中，又飞回来了三只，以后就再也没有回来的了。

5月4日，天气晴朗，我又抓了50只石蜂，在它们胸部做了蓝色标记，依旧按照老办法旋转，9点20分，我释放了49只石蜂——其中一只还没等释放它身上的标记就被磨掉了。结果，9点35分，已经有几只石蜂回来，到中午时，总共到了11只，傍晚我清点所有石蜂，发现总共回来了17只。

5月14日，我按照老办法，在20只石蜂的胸部涂上了玫瑰红的标记，然后于上午8点多释放，到下午1点的时候，已经回来了7只。

现在看实验结果：我进行了这么多次旋转实验，每次返回的概率都在30%~40%。这似乎说明，即使将石蜂不停地旋转，打乱它们的方向感，它们仍能够准确地找到家的位置。后来我还变换实验地点，跑到很远的地方打乱它们的方向，但最终石蜂仍然有相当高的概率返回家。

这些实验充分证明，无论是旋转还是兜圈子，无论是穿越丛林还是越过高地，无论我怎样打乱它们的方向感，石蜂们总能回到自己的家中。

磁性实验

我将旋转实验的结果告诉达尔文，他对打乱方向也不能使石蜂迷路的结果非常惊讶，于是他又告诉我一种磁性实验方法。

磁性实验，就是将一个磁针放到石蜂身上，用磁性扰乱它的方向感。因为达尔文认为，动物可能是根据地磁场的作用飞回家的，在它身上放一个磁针扰乱，动物便会失去地磁场的指导作用，从而迷路。

于是，我将一根很细很细的针放到磁棒上摩擦，直至这根针变成一个磁针。然后找来橡皮膏，将它剪得与石蜂的胸部一样大小，然后插入磁针，粘到石蜂的胸部。我抓了很多石蜂做这个实验，有的将磁针的南极指向石蜂的头部，有的则将北极指向头部。

然后，我随意抓了一只带了磁针的石蜂，将它带到我的书房，释放。没想到，它一被放掉，就像疯了一样在房间里乱飞乱滚，不停地飞，不停地在

地上滚，似乎很痛苦，然后猛地一飞，就从窗户里飞走了。

难道，磁针真的打乱了石蜂的方向感，以至于它因为迷失了方向而慌乱不已？我赶紧跑出去，看看那只石蜂发生了什么变化。结果发现，人家正好好地劳动呢，仿佛什么事情也没发生，只是身上那个磁针已经被它折腾掉了。

究竟是因为磁针破坏了它的方向感使它慌乱？还是因为身上多了一个累赘让它感觉不舒服？我必须弄清楚这个问题。

于是，我又重新用橡皮膏在石蜂的身上粘了一个玩意儿，只是这次不是用磁针，而是用了一根小小的麦秸秆。做好了这个装置，我就将石蜂放了。结果我发现，那只石蜂也像疯了一样慌乱不已，不停地飞、滚，甚至疯狂地扯自己身上的毛，直到将那根麦秸秆给折腾掉，它这才飞走，重新回到窝里劳动。

现在看来，磁针跟麦秸秆没什么不同，都是累赘，而不是破坏石蜂方向感的东西。第一只石蜂并不是因为被磁针扰乱了方向感而惊慌失措，而是因为身上多了一个累赘而烦恼。

磁铁的磁性不能影响石蜂的方向感，这就是我的结论。

达尔文也并不完全是对的

还记得砂泥蜂吗？它不靠嗅觉，不靠听觉，不靠视觉，不靠触觉，但它一样能隔着土层，找到土中隐藏着的黄地老虎幼虫。我当时就认为它一定有一种很特别的器官，这个器官不是用来听的，也不是用来看的、闻的或摸的，但它却能帮它找到食物，只是我们还不知道这个器官是什么而已。

对于石蜂的认家能力，我想，它也一定有一个我们所不知道的器官。奥地利医师梅斯梅尔曾说过，鸽子、猫、石蜂、燕子等动物，它们之所以能够找到回家的路，是因为它们有一种特别的器官，只是我们不知道而已。我对这个说法非常认同。

进化论者认为，自然界中的所有生物，都是从最初的原细胞中进化来的，天赋好的不断进化，天赋差的在竞争中逐渐淘汰。结果，我们人类就成了天赋最高的生物，进化成了无所不能的“高级动物”，而其他的，只是普通的动物或者植物而已。

现在，自然界中除了我们人类所知道的听觉、嗅觉、视觉、触觉等感官能力，石蜂它们又多了一种新的感官器官，但我们万能的人类却没有这种器官，它们是多么了不起呀！

那么，我们万能的人类，我们无所不能的人类，为什么连如此低微的石

蜂都不如？竟然没有通过进化得到那种具有特殊感官功能的器官？

我很想听听进化论者怎样解释这个问题。但我一点也不相信他们能解释清楚。

也许他们会想当然地认为石蜂是靠触角摸索着回家的——事实上他们解释不清的时候总是将原因归结为触角。

我曾做过这样的实验，将石蜂的触角给连根剪断，然后再把它们运到别的地方释放，结果，这些令人尊敬的小生命，依然准确无误地找到了家。只是因为少了触角这个工具，它们没办法挖掘和拍打了，就好像泥瓦匠没了瓦刀一样，就不能造房子了。

以往我总是用雌蜂做实验，因为它们总是为家庭忙忙碌碌，比较尽职尽责，所以一定要回家。于是我又用不干活、对家庭没有责任感的雄蜂做实验。结果仍然是一样的，这些男子汉们一样准确地找到了回家的路。

类似的实验我做了很多，最后发现，高墙石蜂、棚檐石蜂、三齿壁蜂和节腹泥蜂四种昆虫，无论我将它们运到多远的地方，还是不停地旋转扰乱它们的方向感，还是带着它们不停地兜圈子，最后它们总能回到自己的家中，像没发生任何事一样正常劳动。

奴隶抢劫者

是不是所有昆虫都有从陌生地方返回家的能力呢？是不是所有动物都这样？

不是的。我们从红蚂蚁身上可以看到这点。

红蚂蚁是一群抢劫奴隶的“人贩子”。因为这群家伙自己不会寻找食物，也不会料理家务，更不擅长养活和教育儿女，因此，它们就去偷别人家的小孩，然后让这些小孩伺候自己家族吃饭、做家务、照顾孩子。其他蚂蚁家族的卵，就经常被它们偷走，孵化，然后成为红蚂蚁家族的忠实奴仆。

每年六七月的时候，我便会看到这些红蚂蚁们组织成一只规模庞大的军队，浩浩荡荡地踏上远征之路，四处寻找蚂蚁窝，准备抢劫别人的孩子。若问它们为什么能够抢劫成功，我们来看看这只兵团就行了——它们的蚁队有五六米长呢！如果没有什么突发事件，这支蚁队就在领头蚂蚁的带领下，保持着相对整齐的队形行军。一旦发现有蚂蚁窝或者什么异常情况，这支蚁队里立刻

会派出侦察兵前去打探情况，后面的大部队便拥挤到前面，乱糟糟的，似乎在考虑对策。等侦察兵回来确认无事之后，队伍就开始前进，直到找到蚂蚁窝为止。

这不，它们现在就找到了一个黑蚂蚁窝，那些强盗们便立刻钻进黑蚂蚁

的家，很快将它们的孩子带走。黑蚂蚁当然不同意，双方就打起来，结果红蚂蚁大军总能以数量取胜，它们最后总是不顾黑蚂蚁妈妈多么悲伤，强行将它们的孩子带走。如果黑蚂蚁的孩子没有被全部带走，那么这群红蚂蚁侵略军，会再来第二次，甚至第三次，直到将所有的黑蚂蚁卵都叼走为止。

不顾人家母子分离，强行将别人的孩子带走给自己当奴隶，这是多么卑劣的行为！但这对红蚂蚁来说，就是最普通不过的日常生活，它们世世代代都是这样干的。

当然，我写这篇文章主要不是为了研究这种奴隶抢劫制，而是为了引出下面的问题，那就是：

不管来时的路多么复杂多变，红蚂蚁大军在返回时，总是按照原路返回，从不换一条路线。哪怕这条路充满了艰险，而旁边就有一条平坦的光明大道，它们只是按照原路返回而已，即使牺牲生命也毫不在意！

难道它们只认识已经走过的道路？

似乎是靠“鼻子”走路

爬行毛毛虫为了防止自己迷路，所以会在走过的地方留下丝线标记，回去的时候就沿着丝线一路爬回去，它们就通过这样原路返回的方式，找到回家的路。

难道红蚂蚁们也是靠这种方法回去的吗？不是，因为它们不会制造丝线，就不可能在路上留下标记。

据说，蚂蚁是靠嗅觉认路的，也许它们在去路上，已经留下了某种只有它们自己认识的气味，然后返回的时候就一路闻着那种气味回去。我不太相信这种说法，于是做了这一系列实验来证明这点。

当我发现一支红蚂蚁军队又要远征，便在它们走过的路线上搞了点破坏，看看它们在返回的时候是不是仍然能找到这条路。

我找了一把大扫帚，将红蚂蚁走过的地方都扫掉，差不多扫了1米宽，然后，将路边的灰尘和其他杂物都清理干净，换上别的东西。这样蚂蚁行军路线上的气味应该被我全扫掉了。不仅如此，那条长长的路线，每隔几步远我就扫一下，最终将一条完整的行军路线给分成四部分。

一会儿，红蚂蚁们叼着人家的孩子回来了，来到第一个我搞破坏的地方。显然，红蚂蚁们对行军路线的变化很吃惊，远征军在这个地方停了下来，有的蚂蚁往后退，再回来，有的停在这里犹豫、徘徊，还有的在侧面散开，好像打算绕过这个地方。大军的先头部队，一会儿聚集在一起，似乎正召开军事会议，一会儿又分散开来。后面的队伍不知发生了什么事，纷纷涌过来，结果大家一起涌到这个地方，乱哄哄地争吵，不知该往哪个方向走。

最后，有几只勇敢的蚂蚁，像冒险一样，战战兢兢地走上原来的路，其他几只蚂蚁则小心翼翼地跟着。终于，它们很快就认出这就是它们原来的路，放心大胆地继续前进。而其他那些走别的道路的蚂蚁，最终也回到这条路上，于是大军又排列好，浩浩荡荡地继续前进了。

在第二个被我扫掉的地方，它们也是先犹豫，最后仍旧回到原路。

这样看来，只要被我搞破坏的地方，它们总是徘徊不定，似乎就是因为气味被我扫掉了。而一些蚂蚁绕到一边走，可能就是因为残余的气味在那个地方。

蚂蚁们真的是靠嗅觉认识方向的吗？我仍然不太确定，准备再进行新的实验。

“鼻子”是不管用的

红蚂蚁大军又浩浩荡荡出发去抢劫了，我在它们走过的地方做了标记，然后拿来一根水管子，对着它们的路线冲水，冲了有一大步那么宽，一直这样持续冲了差不多15分钟。当它们抢劫回来后，我便减小了流速，但仍让水继续流，看看它们是不是还要原路返回。

抢劫大军来到水流面前，停住了。几只勇敢的蚂蚁小心翼翼地踩着露出水面的石头，打算继续前进，但快速流动的水流很快就冲走了它们，它们在水中叼着黑蚂蚁的卵，不停地挣扎着，随着水流被冲到“河边”。然后它们又重新回到水流中，或借着一根麦秸秆，或借助树叶子什么的，慢慢地渡过了“河”，重新回到原来的路线。

这又是怎么回事？地面上不可能还有气味呀！我已经用水冲了这么长时间，地面上的气味早该冲走了。所以我认定气味不是红蚂蚁认路的根本原因，为了证实这个结论，我又改变了实验方式。

这次，我准备在红蚂蚁必经的路线上放一些气味强烈的东西。我从花园里找来一些薄荷，在它们必经的路线上擦了擦，然后，又在其中一段路上盖上了荷叶。

抢劫大军又回来了，它们安静地走在被擦了薄荷气味的路上，没有任何异常。当它们来到盖着荷叶的路段时，似乎有些担心，不过它们也只在这个地方犹豫了一下，就毫不迟疑地踏着荷叶走过去了。

经过水流的冲洗、薄荷气味的扰乱，红蚂蚁们依然找到了原来的路。现在，我认为我已经有充分的证据证明“气味”并不是指导红蚂蚁前进的东西。

后来，我又分别在红蚂蚁的道路上放了大报纸、沙袋、纸袋，但它们走到这个地方的时候也只是犹豫了一下，小心探测之后又重新恢复了正确的路线。

那么，红蚂蚁们究竟靠什么找到回家的路？

是视觉！

在证明了气味也不能阻拦它们回家的同时，我发现，每次为它们更换一次障碍，它们便停下来犹豫徘徊一番，很显然它们发现这里发生了变化，这个发现只能是“视觉”。只是由于身材娇小，它们不能看那么远而已，以至于一片荷叶，一个沙袋，一张报纸，就成了阻碍它们视线的障碍，而只要越过这些障碍物，它们的视力又会指导它们走向正确的道路。所以每次都有几只视力较好的蚂蚁当领头者，后面的蚂蚁则紧随其后，当大家发现回到正确的路线之后，队伍就又恢复了行军秩序。

视觉+记忆力

其实仅仅用视觉来解释红蚂蚁的回家之旅也是不恰当的，因为它们出外行军的时候总是漫无目的，直到最后找到了其他蚂蚁窝，这才停止行军，准备返回。这么长的路线，它们有限的视力范围，是根本不可能一眼望到家门口的，唯一的解释，就是它们的记忆力很好，对于走过的路，有着非同一般的记忆。

我有证据证明它们的记性很好。

红蚂蚁第一次外出寻找蚂蚁窝的时候，总是漫无目的地走，走一段就派一个侦察员前去探查一下情况，直到找到可抢的卵。如果这些卵一次没有被抢劫完毕，那么红蚂蚁们还会再来第二次。第二次行军的时候，它们的路线不再是漫无目的的，而是直奔黑蚂蚁窝，仍旧走那条它们已经走过的路。如果黑蚂蚁窝中的卵仍旧多得搬不完，那么再过两三天，这群抢劫者仍然记得黑蚂蚁的窝在哪里，直奔目的地。

过了几天仍能找到那条路，再一次充分说明气味不是指导红蚂蚁们前进的动力，指导它们找到原有路线的，只能是视觉和记忆力。最可贵的是，它们的记忆力非常忠诚，不但能够保持两三天甚至更久的时间，还能指导它们准确无误地沿着原路返回。

但它们的归家能力跟石蜂又是完全不同的，看下面的实验。

我随意挑选了一只抢劫归来的红蚂蚁，让它爬上一片叶子，然后将它和叶子一起带到离蚁队两三步远的地方，最后把它放下来。

我看到，这个抢劫者叼着别人家的孩子，继续匆匆忙忙地赶路，只是找不准方向了而已。它往东走几步，再回来，再往西走走，又回来，就这样乱七八糟地乱走，但始终没找到原来那条路线。

我又找了其他几只蚂蚁做这个实验，结果仍然是这样，它们就在离大军两三步的地方迷路了。

由此可见，蚂蚁之所以能够回家，不是靠石蜂那样有指向性的器官，而是靠视觉和记忆，它们只记得自己走过的路，而不记得家所在的明确方向，所以我将它们放到一个不熟悉的地方，它们就迷路了。

再补充一点，红蚂蚁与石蜂一样，同属膜翅目昆虫，但它们却在认家这个问题上表现出两种截然不同的能力。

也就是说，具有归家能力的昆虫，目前只发现高墙石蜂、棚檐石蜂、三齿壁蜂和节腹泥蜂四种，有特殊器官的也只能是它们，并非所有的昆虫都有这样的认家能力。

小贴士：蛛蜂的记忆力

你知道吗？自然界中像红蚂蚁这样拥有良好记忆力的昆虫还有很多，比如说蛛蜂。

蛛蜂习惯先打猎，再挖窝，所以我们偶尔会看到一只蛛蜂搬着蜘蛛匆匆忙忙地找居住的地方，但这种情况不常见——谁会带着一个累赘找家呢？所以它通常将猎物放到一个草丛或者灌木丛里，然后在附近寻找适合挖窝的地方。在挖窝的时候，为了防止蚂蚁们偷走自己的猎物，它总是挖一会儿，回到猎物旁边检查检查，轻轻地拍拍或者咬咬自己的猎物，然后再回去继续挖窝。

如果我们趁蛛蜂挖窝的时候，悄悄拿走它的猎物，放到半米远的地方，那么一会儿，你就会发现蛛蜂回来检查自己的猎物——它可是直奔着猎物所在的方向来的，因为它清楚地记得这个地方。

现在，它来到原来存放猎物的地方，惊奇地发现猎物不见了，于是便四处搜寻，很快就在半米远的地方发现了那只猎物。它徘徊了一下，确认对方是自己的猎物之后，便毫不客气地咬住蜘蛛，将它往窝所在的方向拉，然后又放到一个新的地方，自己再回到洞里挖窝。

现在，如果我们再拿走蜘蛛，将它放到附近的另外一个地方，那么不久就会发现蛛蜂又回来检查自己的猎物。这次，它不是来到第一次存放猎物的地点，而是直接来到第二次存放猎物的地方。当然，它来到这里，发现猎物又不见了，又表示出惊奇的样子，然后又急忙在四处搜寻，很快又找到了猎物。于是，这次蛛蜂再次拖住猎物，将它放到第三个地方，然后又回去挖窝。

一会儿，蛛蜂又出来检查猎物了。它对第一次和第二次存放猎物的地点

丝毫不理，而是直奔第三次存放猎物的地点。由此可见，不管你怎样挪移它的猎物，它总能清晰地记得猎物最后一次存放的地方，而且丝毫不会与前几次存放猎物的地点弄混！

这样的实验无论进行多少次，结果都是一样的，即蛛蜂永远记得自己将猎物放在哪里，即便这个地方非常普通，跟别的地方没有任何不同，但蛛蜂只要看过一眼，它准能记得。

但是，如果人们将蜘蛛放到附近的砂土凹里，再放上一片叶子给盖住，那么蛛蜂无论在这里搜寻多少次，哪怕蜘蛛就在它的脚下，它也找不到。这就说明，气味不是指导记忆的根据，否则为什么脚下猎物的气味不能提醒它呢？指导它找到猎物的东西，只能是记忆力（蛛蜂视力很差劲，甚至很难发现距离自己6厘米远的蜘蛛）。

強強相遇

——狼蛛PK蛛蜂

谈“蛛”色变

阿雅克修和博尼法西奥郊区一带流传着这样的传说：人若被蜘蛛咬了，那就是一件很危险的事，甚至会丧命呢！当地的医生似乎也比较认同这个说法。因此那一带的农民在收割庄稼的时候，总是战战兢兢的，唯恐不小心被暗色球蛛或其他什么蜘蛛给咬一口，而丢了性命。

最凶狠的蜘蛛，有着“狼蛛”之称，传说它捕食的时候会像狼一样追捕猎物，听了真叫人害怕。意大利人甚至说，只要被狼蛛蜇一下，浑身肌肉就会马上发抖，手舞足蹈地乱跳。若想治好这种怪病，只有依靠音乐，只有音乐的节拍才会使人暂时稳定下来。

此外，科西嘉一带的农民也谈论过红带蜘蛛的厉害，卡拉布尼亚的农民也说起过狼蛛的可怕。总之，在大多数人眼里，蜘蛛，尤其是毒性很大的狼蛛，根本就是一个十恶不赦的坏蛋，以至于每每见到它们，就马上踩死它，狼蛛因此成为过街老鼠，人人喊打。

事实上，人们如此痛恨蜘蛛、狼蛛，也并不是完全冤枉它们，有的蜘蛛，对人也许就是有着致命的伤害呢！这个问题我后面会详细解释。

但一般人所知道的蜘蛛，无非就是它会织网，很会用自己的网抓其他昆虫，雄蜘蛛最后总是被雌蜘蛛吃掉，等等。那些经常与蜘蛛打交道的农民，也只是认为这个家伙是杀人不眨眼的恶魔，总是用那满是毒牙的大嘴，狠狠地咬你一口。

我却觉得这些评论都不全面，不足以说明蜘蛛的全部特征，上述所有对蜘蛛的评论，远远不如“螯牙”一词来得恰如其分。你们看，它们用螯牙蜇人，用螯牙杀死其他动物，用螯牙来讨生活。我不敢想象，没有了螯牙，蜘蛛还将怎么生存下去。

因此，我对蜘蛛的全部研究，如果说只有一个“集中点”，那就是它的螯牙。我会在以后的章节中重点阐述螯牙在蜘蛛生活中的重要作用。

狡猾的防御者

狼蛛的洞穴都是先垂直于地面，然后在下面弯成一个曲肘，而且，洞口也有各种各样的管子，有的是用麦秸做成的，有的是小石子和蛛丝一起绕成的，有的是用叶子和蛛丝缠绕起来的，看起来很有趣。

蜘蛛们通常都是深居简出的，如果不需要捕猎，它们就总是待在洞里不出来。你若用刀子挖开它的洞，它会迅速躲到秘密城堡中，除非你用一把大锄头挖开，否则很难抓到它。

杜福尔介绍了三种抓捕狼蛛的方法，我对他的方法进行了改进，现在看看我的方法：

我将一根麦秸扎入狼蛛的洞中，尽可能扎得深一些，逼迫狼蛛自卫，咬住麦秸秆。然后，我轻轻往外拉麦秸秆，而狼蛛可能会用腿抵住洞壁往下拽，双方这样一个向上，一个向下，死死地拽住麦秸秆。等到拽出里面弯曲的通道时，我尽量往后躲，不让它通过垂直通道看到我。然后我像钓鱼一样猛地一拉，将它拉出

洞外。狼蛛只要出了洞，那就没有一点儿办法了。

但这种方法也不是很可靠，遇到多疑的狼蛛就很难成功，于是我又想出一个万无一失的方法：

我将一只活的熊蜂放到一个小细颈瓶里，然后将瓶子倒扣在狼蛛的洞口。熊蜂开始还在瓶子里乱飞，一看有一个洞，赶紧钻了进去。这时候我就可以想象，狼蛛与熊蜂在洞里怎样狭路相逢。

熊蜂总是被狼蛛咬死，里面总能传来熊蜂的惨叫声。当洞里没有动静的时候，我就拿开瓶子，将一个长镊子伸进洞中，夹起已经死掉的熊蜂。狼蛛不愿意放弃美食，就会咬着熊蜂不放。结果，这只狼蛛就成了我的实验品。即使遇到最狡猾的狼蛛，它可能上来之后再退回去，但只要我将熊蜂放在洞口，它最后依然无法抵御美食的诱惑，乖乖地上来被我抓住。

这样看来，狼蛛虽然很狡猾，但一遇到我为它准备的食物，马上就变笨了，我想捉多少只就能捉多少只。

“杀手”狼蛛

狼蛛不是一个麻醉师，而是一个杀手。它捕捉猎物，并不是先将它麻醉，然后拖给自己的孩子食用，而是直接杀死猎物，再将它吃掉。于是我猜想，狼蛛的猎物一定是很粗壮的，否则不够它食用。而粗壮的昆虫往往也充满力量，这就要求狼蛛有非凡的捕食能力，否则无法杀死对方。

如果你细心观察的话，就会发现一只狼蛛和一只胡蜂、一只蜜蜂甚至一只蝗虫之间动人心魄的战斗。而战斗的结果，往往是这些昆虫被狼蛛所制服。狼蛛怎样打败这些强壮的敌人呢?

我曾见过圆网蛛捕猎，这个小家伙有自己独特的工具。当敌人经过圆网蛛的大网时，一般都会被它网住。当那个倒霉蛋可怜地挣扎时，圆网蛛赶紧跑过去，往猎物身上扔一根“绳子”，紧紧地将猎物捆住。然后，它会伸出有毒的螯牙，狠狠地往猎物身上刺一下，然后远远地站在一边，等猎物毫无动静了，它才回到猎物的身边，拿好“刀叉”，准备大吃一顿。

狼蛛与圆网蛛却是不同的，它没有圆网蛛那样的“捆绑绳”，不能通过先绑住猎物然后再刺杀它。它只能凭自己的实力，与猎物展开肉搏战，然后再找机会伸出自己的螯牙，将对方咬死。然而，它只有螯牙这一种杀人工具，身材不够高大，力量不够强大。这就要求狼蛛在与对手搏斗的时候，必须速战速决，迅速制服对方。事情若真是这样的话，狼蛛杀人一定还有秘密武器。

关于“迅速制服对方”这点，已经得到了的验证，这可以从我以熊蜂做诱饵捕捉狼蛛这一点看到。我清楚地记得，我将细颈瓶放到狼蛛洞，我一听到熊蜂和狼蛛的打斗声，就立即将镊子伸进去，但被我捏出来的熊蜂，触角耷拉着，两腿松软，已经死去了。

实际上，那只熊蜂是我特意挑出来的大个的，它与狼蛛的力量大小差不多。它也有自己的致命武器——毒针，一般昆虫被它的毒针给蜇一下，可能就瘫痪了。瘫痪的生命怎么可能有战斗力？所以我觉得，熊蜂的武器比狼蛛的武器更厉害。

为什么拥有更先进武器的熊蜂反而被狼蛛打败了？这就是我的疑惑。我将那只熊蜂尸体放在放大镜下面，仔细寻找伤痕，却没有找到原因。

优秀的“刺颈师”

我抓了很多只狼蛛，将它们放进小瓶子里，再放进去一只熊蜂，仔细观察狼蛛的狩猎情况。

令人遗憾的是，在我制造的这个角斗场中，我的两个角斗士都没有什么反应，谁也不攻击谁，好像它们从来都是这样相安无事的好邻居。无论我实验了多少次，结果都是如此。只发生过一次角斗，可惜发生在晚上，我什么也没看见。

为了激发狼蛛捕猎的积极性，我将它放到一个更狭小的角斗场，角斗场的大小只能容下一只昆虫居住，然后又放了一只熊蜂进去。这次实验效果好一点，狼蛛和熊蜂果然打起架来，但战争要比我想象的“温柔”得多。狼蛛在狭小的角斗场中将腿收拢起来，试图与熊蜂保持一定的距离。如果狼蛛在上面，下面的熊蜂就仰面躺着，用腿把狼蛛顶起来，不让它靠近。真正的搏斗并没有降临，两者只有挤在一起不舒服时，才会因为争地盘而打架。

因此我认为，狼蛛只有在自己的窝中才会发起战斗，一离开自己的地盘就底气不足，不敢轻易发动进攻。但是，在它窝中进行的战斗我却没法看见。所以，现在我必须逼狼蛛出手。

于是，我找了一只杀伤力更大的对手——紫色木蜂。这个家伙在人的身

上蜇一下，皮肤马上就会肿起来，非常疼。然后我又找来一个饿了几天的狼蛛，准备了一个跟它洞穴很像的瓶子，将它和紫色木蜂关在一起，准备观看一场好戏。

不过我又要失望了。紫色木蜂在瓶口处嗡嗡地大叫，瓶子里的狼蛛只是

跑过来看看，仅此而已，半个小时过去了，依旧什么事也没发生。同时参与做这个实验的还有其他好多只狼蛛，但它们都没有主动出击。我等啊等，真的快失去耐心了。

突然，一只狼蛛，大概是饿坏了，猛地从瓶子里跳出来，迅速地就杀死了紫色木蜂。尽管动作非常迅速，我依然看清了：狼蛛似乎早已经瞄准了刺杀部位——颈部，紫色木蜂脑神经节所在地，然后狠狠地将自己的螯牙插入，紫色木蜂立刻就死掉了。

这是一次偶然事故吗？是否所有的狼蛛都知道木蜂神经节所在地？

在我精心安排的这场角斗中，除了上面那只饿极了的狼蛛采取了这样的谋杀方法，另外还有两只狼蛛也是这样做的，它们无一例外地都选择了刺杀紫色木蜂的颈部，一击就要了紫色木蜂的性命。

原来，狼蛛是优秀的“刺颈师”。

螯牙的毒性

我仔细检查紫色木蜂的尸体，没错，它们确实被杀死了，而不是被麻醉。我捉住几只虫子，将它们对准狼蛛的螯牙。这些虫子，无论体形大小，只要被螯牙咬中，如果当时没有死掉，过几个小时也会死去。

这让我至少明白了两个问题：

1.狼蛛即使刺中其他部位，紫色木蜂最后仍然会死掉。

因为，狼蛛的螯牙毒性很强，足以将被刺中的猎物毒死。

我又找来一些体形更大的昆虫，如蝗虫、螽斯、距螽，然后让狼蛛咬它们的颈部，它们也很快就死了。然后又让狼蛛咬其他部位，如腹部，这些庞大的昆虫，它们只是暂时没问题，但十几个小时之后，也都死了。

然后，我又冒着被家人声讨的危险，让狼蛛咬了一只麻雀的腿。刚被咬时，麻雀的伤口很快就出血了，伤口四周立刻泛起红晕，一会儿又变成紫色，麻雀疼得提不起腿来，只好用另外一只脚单脚跳动。那只被咬的腿就一直耷拉着，爪子弯曲着。表面看来，它似乎没遭受更大的灾难， 12个小时之后，麻雀仍旧好好的，还朝我们要吃要喝的，胃口很好，只是那条腿仍然不好用。但是到了第三天，麻雀就不吃东西了，羽毛乱七八糟地蓬松着，似乎

在生我的气。它也许很痛苦吧？因为我见它一会儿一动不动，一会儿突然跳起来，一会儿又好像很冷一样不停地抖动，我女儿赶紧为它取暖。最后，麻雀似乎越来越冷了，抖个不停，抖着抖着，便死了。

眼见我残害了一只麻雀，家人都责怪我，我也觉得很对不起它。恰好，我发现一只鼹鼠正在偷吃莴笋，就捉住它，让狼蛛用螯牙咬这只鼹鼠的嘴角。鼹鼠似乎很痒，不停地举起脚来擦自己的脸。然后，它的胃口便越来越差，不再进食。36个小时之后，这只鼹鼠也死了。

我没再继续寻找其他更大的动物做实验，若其他动物也被狼蛛给毒死了，那我的罪过就更大了。现在实验结果已经很清楚了，那就是：狼蛛螯牙的毒性很强，人被它咬一口说不定真会出什么事情。

2.狼蛛必须刺中紫色木蜂的颈部。

因为刺中其他部位，猎物短时间内不会死去，仍然有反抗能力，以它的体形和力量，完全有可能对狼蛛进行有力的反击，狼蛛仍然有危险。而只有刺中猎物的颈部，使对方马上死去，狼蛛才可以稳操胜券。

至于狼蛛是怎么知道刺中颈部可以杀死对方的，这个问题我就不知道了，就像我不清楚节腹泥蜂怎样知道吉丁、象虫是神经元比较集中的昆虫一样，它们天生就有这种能力，这是上天赐予它们的能力，我只能这样解释。

狼蛛的饲养

即使狼蛛能毒死一只麻雀、鼹鼠，甚至它的螯牙会让被叮的人送命，我也不害怕，我要坚持与它们打交道以了解狼蛛更多的特性。

我的实验室中有12个宽底瓶和试管中都装着狼蛛，看起来密密麻麻的。这一幕如果给那些胆小者看见，一定会吓得赶紧逃走。

我坚持实验，不仅仅是因为科学需要探索的勇气，还因为，狼蛛虽然看起来很野蛮，很可怕，但它却很容易驯养。

杜福尔在他的笔记中这样写道：

1812年5月，我抓住了一只很漂亮的雄性狼蛛，然后将它放到特制的玻璃瓶里，上面用一张纸给封住，开始了人工饲养。

没想到，这个小家伙很快就适应了囚犯生活。我经常抓苍蝇喂它，它总是用自己的螯牙刺死苍蝇，然后将苍蝇弄得粉碎，再用腿一点一点地将肉送

到嘴边吃掉，最后将猎物的外皮扔得远远的。

饭后，这个爱美的小家伙还总是收拾收拾自己：先用前腿刷刷螯肢，然后又摆出一副很庄重的样子，坐在那里一动不动的，似乎在思考“人生”。晚上没事的时候，它还经常在宽底瓶里散步，我甚至能听到它沙沙的走路声音。

7月份，这只狼蛛蜕皮完毕，我外出了9天。回来时，我想这个被我驯养的奴隶该饿坏了吧？没想到回到家之后，这个小生命不吃不喝地过了这么几天，竟然没有一点儿事。后来我又外出了几天，它依旧不吃不喝地过了几天。8月份，我又外出，这次出去了20天，但这次却再也没有狼蛛的消息——这个饿坏了的奴隶逃走了。

根据我的经验和杜福尔的描述，现在你知道了吧，只要你不让狼蛛感到危险，那么我们自己也是很安全的。让我们再看看另一个博物学家杜热的笔记：

只有用手指抓住它（类蜘蛛）的背，并使它的腿折叠收拢在一起，这样才不会被它咬伤，而且不会弄残它。在实验的过程中，如果将它放到桌子上或者衣服上，它并不会主动伤害我，但若把它放在裸露的皮肤上，它就用螯肢咬住我。哪怕我捏着它的手指已经放开了，它仍然咬住我不放。直到后来它觉得够了，才松开螯肢，掉下来，逃走了。我的胳膊上留下五六厘米的小伤口，虽然没有流血，但伤口发红，周围有淤斑和轻微的肿胀，非常疼痛，就像被一根热的荨麻蜇了一样。90分钟之后，那些症状都没有了，只是仍然疼痛，蜇痕依然存在，这种情况持续了好几天，天热的时候尤其感到火辣辣地疼。

由此可见，狼蛛们的饲养既不像传说中那么可怕，也不像一般昆虫那么简单，关键是要了解狼蛛们的习性，一般不要轻易惹它们，更不要愚蠢地将自己的皮肤放到它们的螯牙下面。

专门吃蜘蛛的家伙

狼蛛竟然将蝗虫和螽斯这样庞大的昆虫当作它的菜肴，甚至有能力毒死麻雀和鼹鼠，那么它在昆虫界应该无敌了吧？

不是的，蛛蜂就是狼蛛的天敌，它专门麻醉各种蜘蛛，然后将它们拖回去当自己孩子的美食。狼蛛再厉害，它也只是一只蜘蛛而已，在蛛蜂面前依旧没有招架的能力。

我们所处的地区有一种环带蛛蜂，它只有黄边胡蜂那么大，总是身穿黄黑相间的衣服，披着一双黄色的翅膀，骄傲地在田间飞来飞去。这么个小东西，能杀死那个敢于捕食蝗虫、毒死麻雀和鼹鼠的狼蛛吗？我总是怀疑，环带蛛蜂真的能打败狼蛛吗？当我看到一只环带蛛蜂衔着一只黑腹狼蛛从我的面前高傲地飞过时，我才彻底相信！

我好奇地跟着那只环带蛛蜂，看它怎样处置自己的猎物。

环带蛛蜂在一个墙角停下了。它先将狼蛛放到一边，然后跑到洞里查看一番，再将清扫出来的灰浆带出来，又一把抓住狼蛛，将它拖到洞里。一会儿，蛛蜂就出来了，它用刚才那些灰浆堵住了洞口，然后胡乱整理了一下，便飞走了。

环带蛛蜂的洞很简单，没有什么特别值得注意的地方。我很容易就找到了狼蛛，它的肚子上已经有一个卵了，很明显那是蛛蜂的孩子。

我仔细检查这个被蛛蜂逮住的倒霉蛋，它已经被蛛蜂麻醉了。我将这个“活死虫”收起来，7个星期之后它依然活着，再次证明蜂类麻醉术的高超。毫无疑问，蛛蜂幼虫以狼蛛为食的习惯已经得到了证实，黑腹狼蛛虽然很厉害，但依然是另外一种昆虫的美食。

我只是奇怪，蛛蜂与狼蛛表面看来是旗鼓相当的，它们身材大小相当，力量应该差不多，狼蛛怎么会被蛛蜂制服呢？蛛蜂虽然是出色的麻醉师，但狼蛛也有两把剧毒无比的螯牙，还是一击就能击杀敌人的杀手呢！蛛蜂虽然动作敏捷，狼蛛出击也是很迅速的，否则怎么叫“狼”蛛呢？况且其他蜘蛛还有蛛蜂所没有的蜘蛛网。

双方这样对比下来，我还觉得蜘蛛比蛛蜂更有优势呢！但事实摆在眼前，蜘蛛们就是蛛蜂们的美食！

捉迷藏

那么，蛛蜂们又采用了什么高超的战术呢？

我先猜想一下：

1.蛛蜂是不会鲁莽地跑到狼蛛窝里的，否则它可能遭遇熊蜂同样的命运；

2.蛛蜂也不可能在狼蛛的洞外麻醉它，因为狼蛛总是憋在家里不出来。

蛛蜂的捕猎地点，既然狼蛛的洞内或者洞外都否定了，那就不知道怎样进行了，也许我还能根据蛛蜂与其他蜘蛛的打斗来推测。

我发现蛛蜂总是在蜘蛛窝的附近徘徊，一旦发现蜘蛛不在家，它就在蜘蛛网外神气活现地探测情况，绝不会冒冒失失地闯到蜘蛛的洞里，这种冒失

行为无异于自杀。

因此，我通常会看到，一只蜘蛛正在洞口等着撞上蜘蛛网的倒霉家伙，而蛛蜂总是将头探进去看看里面的主人，蜘蛛不得不后退到门里面，于是蛛蜂也从网外面绕到门的所在位置。蜘蛛就向对面的门跑去，蛛蜂也赶紧跟着跑去。这样，两只昆虫追来追去，足足追了15分钟。

到最后，也许蛛蜂觉得，里面的蜘蛛太狡猾了，可能捉不到，便摇摇头走开了。洞里面的蜘蛛终于松了一口气，继续守在门口，等待某个倒霉蛋撞上蜘蛛网。

我本以为，蛛蜂未免谨慎过度了。以它的身手和灵敏度，直接跑到蜘蛛的洞里，将那个家伙逮住，快速地给它施行一次麻醉手术，一切就万事大吉了。它这么小心谨慎，到底是在等什么呢?

除了上述这种你追我赶的情况，我还见过另外一种情况:

蛛蜂在一堵旧墙前停下了，开始在这堵破墙上搜寻。突然，一只类蜘蛛出现在洞口的管子上，当它看到蛛蜂，不但没有吓得躲起来，反而大胆地

盯着蛛蜂，仿佛在挑衅。蛛蜂看到猎物，反而后退了几步，然后它仔细地观察了这只猎物，就走开了。类蜘蛛重新回到自己的窝中。第二次，蛛蜂又来到它的家门口，类蜘蛛照样摆出一副挑衅的姿态，蛛蜂只好再次走开，于是类蜘蛛又回到自己窝里。一会儿，不死心的蛛蜂又来到类蜘蛛的管子前，忽然，类蜘蛛的一个邻居，身上系着一根丝从管子里跳出来，一下子跳到蛛蜂面前，蛛蜂吓得赶紧逃走，一直观望着的类蜘蛛则又返回窝中。

现在，我倒给它们弄迷糊了，这两种昆虫，究竟谁是猎人，谁是猎物，谁被谁吃掉呢？原本我以为类蜘蛛是猎物，没想到这次它见到蛛蜂不但不逃，反而从洞里走出来，立在门口挑衅。而那个勇敢的猎手，见到类蜘蛛扑

到自己面前，却吓得赶紧逃走，难道它是怕对手迅速掏出“匕首”，刺中它的脖子而杀死它吗?

反正我知道最后结果，那就是蛛蜂麻醉了类蜘蛛，至于现在这场奇怪的捉迷藏游戏，我倒是越看越糊涂了。

原来是这样……

究竟蛛蜂使用了什么诡计才将蜘蛛制服？我终于发现了它的秘密。

好几次我都发现，当蜘蛛站在管子口耀武扬威的时候，蛛蜂就会突然跑过去，扑向蜘蛛伸出来的前腿咬，似乎想要将它从管子里给拉出来。蜘蛛似乎没反应过来，差一点就被它拉出来了，好在它的两条后腿像钉子一样牢固地钉在管子内，它立刻跳起来，蛛蜂被蜘蛛全身的震动给吓坏了，赶紧松开了嘴，蜘蛛就逃回自己洞里了。

蛛蜂仍然不死心，它会去找另一只蜘蛛，蜘蛛伸出前腿做挑衅的样子，蛛蜂依旧会拉它的腿，咬它的腿。好多次蜘蛛都快要被拉出来了，但由于它身上有一根丝牢牢绑着自己的缘故，多数时候能自己退回去。

我明白了：蛛蜂就是要把蜘蛛拉出来，在外边麻醉它。终于，有一次蛛蜂猛地跃起来，一下子就将蜘蛛给拉了出来，将它摔倒在地。而那只可怜的蜘蛛，离开家之后好像立刻就掉了魂一样，毫无招架之力，只是将自己的腿收起来，将自己浑身蜷缩在土里。蛛蜂毫不客气地对手下败将实施了麻醉手术，我还没看清怎么实施的，蜘蛛的胸部已经被它麻醉了，它立刻就一动不动了。很快，蛛蜂就将战利品运回家，给自己的孩子吃。

耀武扬威的黑腹狼蛛肯定也是这样被麻醉的：它听到门外有动静，就立刻跑到洞口，把前腿伸出来，时刻准备像“狼”那样跳跃起来，扑倒对手。没想到等待它的是一只蛛蜂。蛛蜂毫不客气地抓住狼蛛的一条腿，用力将它拉出管子外。失去城堡庇佑的狼蛛一旦被摔出门外，立刻就丧失了斗志，只能乖乖地任蛛蜂麻醉。

回想起我捉狼蛛的经历，我发现，蛛蜂捉蜘蛛的手段与我们人类的捕捉手段非常相似，都是使用诡计将蜘蛛赶出它的洞，然后在洞外解决它，我真是敬佩它像人类一样的智谋。

蜘蛛虽然狡猾，相较于蛛蜂的诡计，它就显得愚蠢多了。更可笑的是，有的蜘蛛被往外拉过好几次，仍旧没意识到这个动作是很危险的，下次蛛蜂在它洞口徘徊的时候，依旧摆出这

副架势。

愚蠢的蜘蛛呀！你就保持着这种姿势撑面子吧！总有一天，坚持作战的蛛蜂会将你从洞里拉出来的，那时候你就是任人宰割的羔羊了！

决战进行时

虽然我观察到蛛蜂捕猎的全过程，但麻醉的过程太快了，况且蜘蛛还有令人恐惧的螯牙，我仍然不清楚实际战况。于是，我逮到一只蛛蜂，然后将它和蜘蛛关在一起。

不过它们的角斗最初依然是和缓的，两者像一对好邻居一样，根本就不争斗。蛛蜂在我的瓶子里神气活现地走来走去，一会儿扑腾扑腾翅膀，一会儿左顾右看。当它看到狼蛛时，似乎有些兴趣，便围着狼蛛转圈。但狼蛛立刻就摆好战斗姿势：竖直身子，前面四只脚伸直张开，后面四只脚支撑地面，露出螯牙，牙尖上冒着寒光的毒液。蛛蜂看到对方这个架势，似乎兴味索然，赶紧退到一边去。狼蛛这才恢复正常的姿态，将螯牙遮盖起来。但是只要蛛蜂做出异样的举动，狼蛛就重新摆出这副吓人的姿态，令对手不寒而栗。

更令我惊奇的是，狼蛛不但不怕蛛蜂，还趁蛛蜂不注意，突然跳着扑向蛛蜂，将它箍住，还想用螯牙咬它呢！不过蛛蜂总是能逃脱，身上不会有任何地方被可怕的螯牙给咬住一点点。狼蛛已经箍住了蛛蜂，没道理不

咬一口就放开呀？蝗虫前胸那么坚硬的铠甲，狼蛛也能轻而易举地咬穿，它不可能咬不动蛛蜂呀？唯一的解释就是狼蛛根本就没咬它，至于为什么，我也不知道。

总之，这场在实验室里进行的角斗，我就看到狼蛛摆姿势吓唬对方和没有一点儿杀伤力的打斗，别的什么也没看到。

既然两个角斗士不肯在实验室里真刀真枪地打架，那我就只好将它们放到狼蛛的窝边了，也许它们只在自然的状态下战斗。不过这个实验跟实验室中的结果一样，依旧和缓。

等了一会儿，蛛蜂做了一个令我想不到的动作：它大胆地将狼蛛的窝扒开，然后就钻进去了。难道它不知道贸然闯进别人的家中，是一件很危险的事吗？我只听到洞内翅膀扑腾的声音，不知道谁被谁干掉了。

一会儿，狼蛛就匆匆忙忙地从洞中跑出来了，然后在一片干净的地上，摆出威胁的姿势。紧接着，蛛蜂也跑出来了，当它经过狼蛛身边的时候，狼蛛迅速地攻击了它一下，然后又赶快逃进洞中了。

这是怎么回事？怎么它们谁都没有受到伤害？

蛛蜂第二次、第三次走进虎穴，之后的结果都与第一次一样：蛛蜂总能安然无恙地走出来，而狼蛛总是稍微惩罚一下对方就逃回去，我依然什么也没看到。

我逮了很多狼蛛进行试验，但狼蛛和蛛蜂之间的战斗依旧和缓，直到它们三周之后老死，我依然没有亲眼看到麻醉的实施。

后来，我找了一只彩带圆网蛛做实验。彩带圆网蛛是法国境内体形最大的蜘蛛，蛛蜂立刻就对这只丰盛的美食表现出了明显的兴趣。面对敌人，彩带圆网蛛依然摆出威胁的姿势，但蛛蜂不但没有退缩，反而猛地冲向彩带圆网蛛。彩带圆网蛛一下子便被它扑倒在地。现在，蛛蜂在上，彩带圆网蛛在下，它们头顶着头，腹贴着腹，蛛蜂用脚控制住彩带圆网蛛的足，咬住它的胸部，然后用力蜷起腹部，伸出毒针，努力刺向……

我给大家留个悬念：蛛蜂会将毒针刺向彩带圆网蛛的哪里呢？以现在我们所掌握的麻醉知识，蛛蜂应刺向彩带圆网蛛的胸部，因为这里是它神经所在地。

但是，蛛蜂是多么优秀啊！它将毒针刺向彩带圆网蛛的口中！很快，彩带圆网蛛引以为傲的、令人闻风丧胆的、最具有杀伤力的武器——螯牙，便永远闭上了。然后，蛛蜂才像我们经常想象的那样，在彩带圆网蛛胸部与腹部的交界处，也就是神经中枢所在处，狠狠地刺了一下，彩带圆网蛛张牙舞爪的八只足便一动不动了。

此时蛛蜂仍然没有放开彩带圆网蛛，而是用自己的大颚仔细地检查彩带圆网蛛的口，看螯牙是否真的不能用了。后来我才了解到，原来蜘蛛善于装死，如果蛛蜂不进行此番检查的话，猎物很可能逃脱。直到彩带圆网蛛一点儿都不能动了，彻底沦为自己的俘虏了，蛛蜂才放开它。后来，这样的实验我又进行了多次，麻醉过程无不是如此。这样看来，蛛蜂是多么有智慧啊！

更妙的是，蛛蜂麻醉猎物后，直接将猎物放回它自己的家中，再将自己的孩子产在这里，这样它就省去了造房子的辛苦。也就是说，将来的蛛蜂幼虫，霸占着主人的房子，吃着主人的肉长大。通过猎物找房子，一举两得，也许这是蛛蜂妈妈才会想到的妙招。

小贴士：蜘蛛的实力

你知道吗，如果不与蛛蜂相比，蜘蛛还是非常聪明的，借助它的蜘蛛网和螯牙，它总是轻而易举就捉住一个体形比自己还大的猎物。现在以类蜘蛛为例，看看它是怎么打猎的。

类蜘蛛浑身发黑，只有螯肢呈金属绿，它的两个螯牙，既锋利又精美，好像是闪着幽光的青铜武器。它总是藏在墙角处，挖一个指头大的洞，然后在洞口附近织一张喇叭口大的网，网后面就是多数蜘蛛窝都有的建筑物——管子，它平常就躲在管子里面，只有听到网上有动静了，才从管子里跃出来，收获网上的猎物。在等待猎物自投罗网的时候，它就站在管子口，两条后腿伸到管子中撑住身体，六只前腿在洞口张开，像一个精明的猎人一样，时刻等待着收获。

一只苍蝇没注意这里有一张大网，冒冒失失地飞过来，结果一下子就被蜘蛛网给缠住了，不能动弹。类蜘蛛立刻跳过去，敏捷地举起螯牙，飞快地刺中猎物的颈部，然后就美美地享用大餐了。在它跳起的时候，跳得很猛，很突然，但却不用担心会掉下去，因为它身上还缠绕着一根丝，这根丝就像一根安全带一样，将它牢牢地绑在网上。

依照这种方法，类蜘蛛擒获了一只又一只苍蝇，一个又一个尾蛆蝇，甚至连胡蜂也不放在眼里，只要不遇到蛛蜂，类蜘蛛总是这么潇洒。

除了小聪明，蜘蛛们对待敌人往往还很凶残。有一次，两只雄性狼蛛相遇，它们先是摆开战斗姿势，后腿直立着，互相注视着对方。然后，两只狼蛛同时扑向对方，都企图用螯牙咬对方，都想用自己的腿控制对方的腿。这样僵持了一会儿，它们可能累了，可能说了几句我们听不懂的话，然后便分开了。过了一会儿又扭打在一起，这次争斗得更加猛烈，一只狼蛛不小心被另一只打中了头部，它立刻就倒在地上。另一只狼蛛，毫不客气地向自己的同类下了毒手，杀死它，并将它撕碎，吃到自己的肚子里。

所以，蜘蛛既不缺少精妙的武器装备，也不缺少力气，更不缺少野蛮和凶残，即使遇到蛛蜂，侥幸的话，它不但不会沦为蛛蜂孩子的口粮，还会将蛛蜂给杀死。有一次，一只蛛蜂和一只狼蛛在实验室里过夜，第二天一早，那只蛛蜂就被咬死了，因为它不习惯夜间生活，而狼蛛在夜间的勇气会倍增。

由此可见，与蛛蜂相比，蜘蛛的实力一点儿都不弱，甚至有时候要比对方强大得多。但蛛蜂这种昆虫，它就是专门捕杀蜘蛛的，狡猾野蛮的蜘蛛，一般情况下仍然不是蛛蜂的对手，因为后者比它更聪明，更懂得怎样制服敌人。

喜欢蝗虫的昆虫

——步甲蜂

它起错了名字

步甲蜂是一种极少被研究的昆虫，人们对它的认识，仅限于它的名字、归属类别及简单笼统的外形介绍。除此之外，人们对它没有更多的了解了，也不知道它还有什么价值。因此，这种昆虫的遗体，只是常年被钉在软木盒中，成为一只栩栩如生但实际上早已死去的昆虫标本。

似乎为了弥补对它认识上的不足，人们为它取了一个斯文的名字：步甲蜂，这个词语在希腊语中表示快、迅速、敏捷。昆虫的命名者为它取了这样的名字，好像赋予它这样一个特征：这是一种爬行或者飞行非常快的昆虫，或者说，这是一种捕猎非常迅猛、挖洞比较敏捷的昆虫。但无论哪种解释，这个名字都不能准确归纳出它的特征，因为比它飞得快的昆虫，捕猎迅猛的昆虫比比皆是，如飞蝗泥蜂、砂泥蜂、泥蜂等。“步甲蜂”这个名字对它来说根本就是一个错误，它根本不应该有这样一个名不副实的名字。

其实昆虫界还有很多这样被误叫了的名字，如砂泥蜂，初听到这个名字，不了解情况的人还以为这是一种喜欢沙子的昆虫呢！至于步甲蜂该拥有一个什么样的名字，我觉得，它叫作“爱蝗虫”更恰当。这个名字是多么简洁明了，在音节上又是那么的掷地有声。

我之所以为步甲蜂取了这样的名字，是因为这个名字直截了当地点出了步甲蜂的特征：喜欢吃蝗虫。

我们知道，人类社会有这样一种现象，一个地区或一个种族的人，总是有相同的食物爱好。不是有这样一句名言吗？“只要告诉我你吃什么，我就能说出你是哪里人！”事实确实如此，如，英国人喜欢吃烤牛肉，俄国人喜欢吃鱼子酱，那不勒斯人喜欢吃通心粉，法国人喜欢吃蜗牛，德国人喜欢吃香肠。与这种爱好类似，步甲蜂这个种族也有自己的食物爱好，那就是蝗虫。

我们这个地区，有五种步甲蜂，无论哪种步甲蜂，它们都无一例外喜欢蝗虫这样的食物，有的喜欢捕捉蝗虫的成虫，有的喜欢幼虫（那应该是给孩子们吃的）。

在我的研究中，我知道泥蜂也是很喜欢吃蝗虫的，鉴于它与步甲蜂食谱的相似性，我打算将步甲蜂和泥蜂放在一起研究——虽然这样将两个完全不同科的昆虫放在一起研究的做法，打破了传统昆虫学家的习惯，但我宁愿冒着被当成异端分子的危险坚持自己的研究。我认为，传统上那种只知道看着昆虫标本、根据昆虫身体特征分类的研究方式，远远不如我这样研究它们的食谱、它们活生生的现实生活来得有趣味。

步甲蜂VS泥蜂

我将步甲蜂和泥蜂做类比研究，并不仅仅是因为它们的食物非常相似，我还可以证明它们在其他习性上也是非常相似的。

比如说挪动食物。我见过一只装甲车步甲蜂挪动食物的过程。它与飞蝗泥蜂一样，先抓住蝗虫的触角，一直将猎物拖运到窝边才放下，然后，仍然是头先探到洞口，向里面检查一番。它的洞口也与白边飞蝗泥蜂相似，先用石板和细细的沙砾盖住，回来之后再挪开。检查完毕，确认安全，它才从洞口伸出头来，再次抓住猎物的触角，倒退着将它拖进洞内。

而步甲蜂呢？我趁它回家检查的时候，将它的猎物从洞口往外挪了一点点儿。结果，步甲蜂伸出头准备抓猎物的时候，发现门口的猎物不见了，只好重新爬出来，在周围到处找，然后仍旧将猎物放在洞口，再次独自下洞去检查。我又重新将它的猎物挪远一点儿，它探出头来找不到食物，只好再爬出来寻找，然后仍旧将猎物丢在洞门口，自己回到窝中检查——它直接将食物拖进洞中不就行了，干吗一定要将食物放在洞口，自己先下去检查一番？

种族习惯要求它这么做，它就一定要这样做，哪怕一直这样被我戏耍，这一点与黄足飞蝗泥蜂非常相似。

再比如说麻醉术。步甲蜂的捕猎方式也跟飞蝗泥蜂们一样，仍然是靠出色的麻醉技术，所以即使是体形比它们大得多的螳螂往往也成为它们的手下败将。步甲蜂们也是天生的解剖专家，它们也知道猎物的神经器官所在地。而步甲蜂的幼虫与泥蜂的幼虫很相似，都喜欢吃新鲜的肉食，这

就必须保证食物是新鲜的，是活着的，麻醉技术因此成为每只步甲蜂天生的本领。关于步甲蜂的麻醉技术后面我会详细介绍。

步甲蜂与泥蜂还有一个非常明显的相似点，那就是它在将捕获到的昆虫拖回洞穴之后，就会将卵产在这只昆虫的胸部，然后封锁洞口，从此不会再来这个洞。然后，它继续流浪，流浪到哪里，就将洞挖在哪里，然后重复储粮、产卵、封锁洞口的工作，再流浪……

另外，步甲蜂与泥蜂在建筑方面都有杰出的天赋，它们的幼虫都会用沙粒、丝带制造蛹室，只是蛹室的制造方式略有不同而已。

也许步甲蜂与泥蜂还有更多相似的地方，我上面介绍的这几种只是我所能看到的，我看不到的也许还有更多。现在，你还觉得将步甲蜂和泥蜂放在一起研究是一种错误吗?

食物是确定的

弃绝步甲蜂是种族里的巨人，比较稀少。

九月份，我发现弃绝步甲蜂钻入了地下，难道它还会挖掘吗？我发现，在短短几分钟的时间内，它就在地下差不多走了1米多的距离。可是，哪只昆虫也不可能在短短几分钟内就挖出一条1米长的通道。我仔细研究才发现，道路根本就不是它自己挖的，它只是沿着别人已经挖好的通道走了出来。道路实际上是蝼蛄挖的。

蝼蛄被称作“昆虫界的鼹鼠”，最擅长挖地道。通常在离地表两步的地下范围内，土裂开成一条弯弯曲曲、略微隆起的带子，这条土带只有一指

宽。在这条土带周围，通常又分裂出一些很短的分支。如果你挖开这些土带，就会在这里面发现蝼蛄。蝼蛄以咬食农作物的根部为生，是害虫，人们拿它没办法，现在它碰到了天敌弃绝步甲蜂。

虽然我为步甲蜂取名“爱蝗虫”，但我不觉得自己犯下多么严重的错误，蝗虫与螳螂、蝼蛄，从某种程度上来说应该是一样的，至少它们都是直翅目昆虫。这些虫子，单单从外表上来看，我们绝不会将它们归为同一种类别。但在步甲蜂眼里，它们却是一样的，那就是食物！每个种族都应该有自己特别的食物爱好，它们的食谱是确定的，不管这个食谱在我们看来是多么的奇怪。

例如弑螳螂步甲蜂，它捕捉一切螳螂的幼虫，修女螳螂、灰螳螂、椎头螳螂，不管这三种螳螂的幼虫体形相差多大，它们无一例外都成为弑螳螂步

甲蜂的猎物。最奇怪的是，如果只看外形，我们根本想不到椎头螳螂也是它的食物。

椎头螳螂，怎么说呢？它是一种长相非常奇怪的昆虫，昆虫界恐怕没有谁比它长得更奇怪了，以至于我的孩子为它取名为“小鬼虫”。我承认，这个名字很形象，因为它的长相实在是太古怪了：平平的腹部，齿状的拱形纹饰，分叉的角，腿部长长的臂甲。更可怕的是，它的脸又小又尖，它可以不扭头地往两边看，这副狰狞的面孔，恐怕只有魔鬼才有了。通常，这个“小鬼虫”就高高地直起身子，卷着自己的腹部，高举着锋利的前腿，停在一个树枝上轻轻晃动。

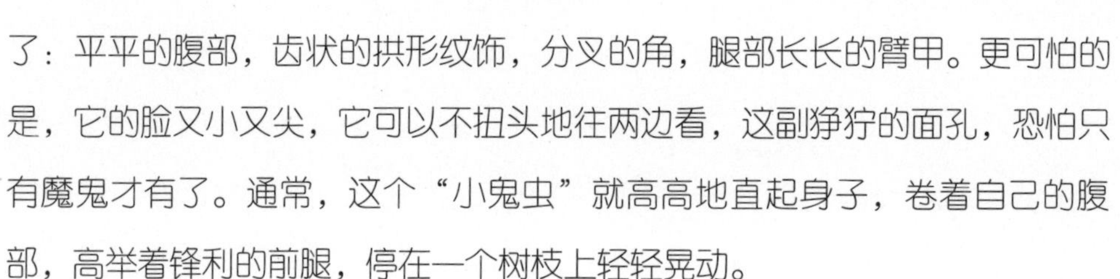

这么可怕的昆虫与一般螳螂是多么不同啊！我相信别的昆虫第一眼见到椎头螳螂时，肯定会被它这可怕的姿势和夸张的外表所吓坏，哪里还敢捕捉它呢？但弑螳螂步甲蜂却不害怕，它一眼就认出这就是螳螂的一种，是它的菜，然后便毫不犹豫地上前麻醉它。

总之，无论面前的昆虫长相怎样，只要步甲蜂认定这就是食物，它就会毫不犹豫地准备捕猎。至于它怎么知道那个奇怪的家伙就是美食，我也搞不清楚。我只是模糊地知道，它们的食谱是确定的，不管猎物长相如何，它早已经被列入步甲蜂的食谱。

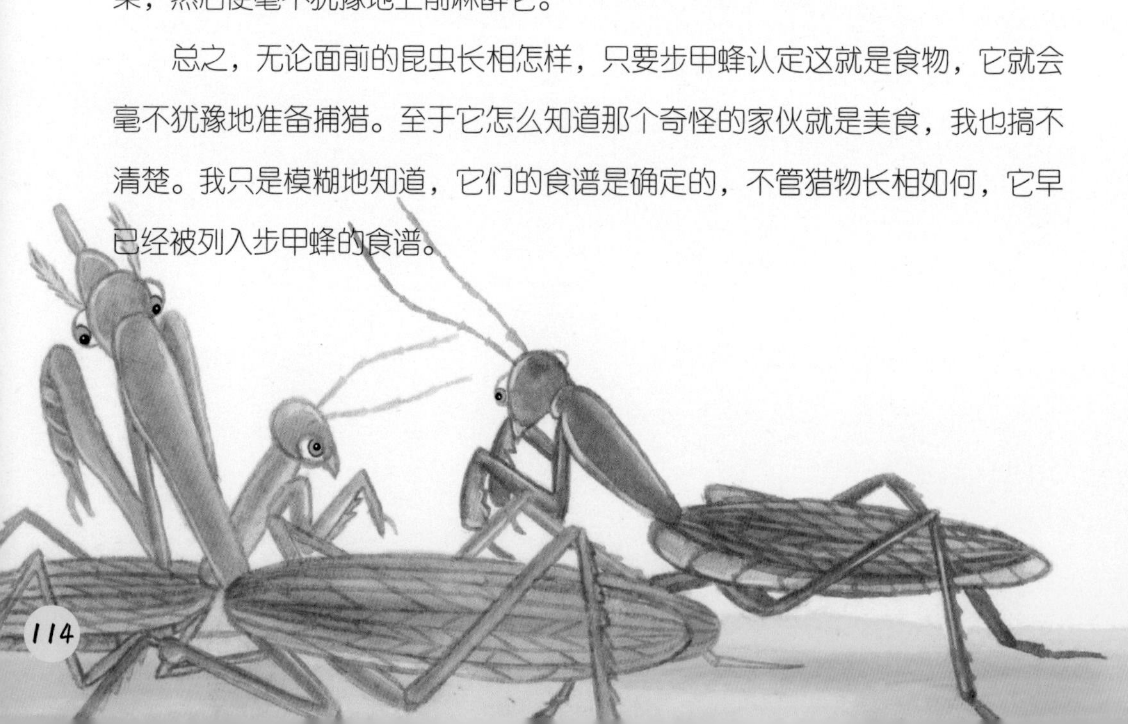

麻 醉

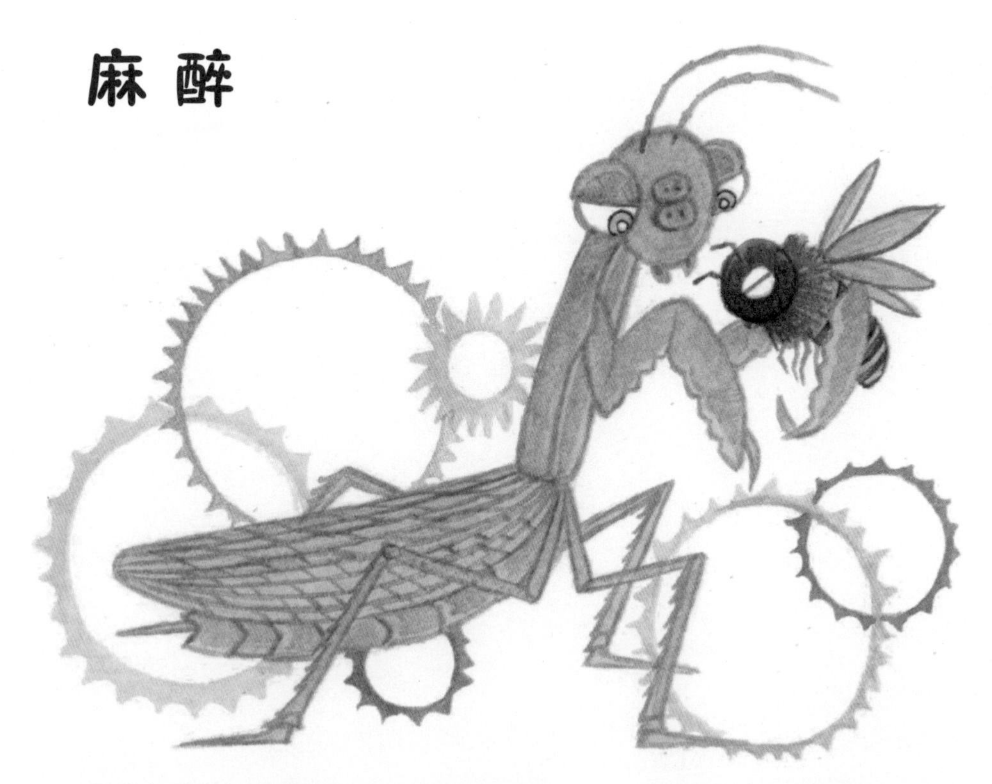

观看步甲蜂与螳螂的战斗让我再次明白了一个道理：人不可貌相，海水不可斗量。

将一只步甲蜂和一只螳螂放在一起，明显的体形差异将会让你觉得螳螂肯定会胜出，因为它看起来是那么的强壮，更何况它还长着一对像长齿大剪刀那样的前臂呢！

且不说体格健壮，我这里只介绍一下螳螂的“大剪刀”。如果你还记得飞蝗泥蜂的故事，那么你便会回忆起修女螳螂的大剪刀。且不说麻醉专家飞蝗泥蜂，即使别的昆虫遇到“大剪刀”，也会被它毫不留情地剪碎、吃掉。如果谁不小心碰到剪刀末端的钩子，则很可能会被它剖腹。

因此，步甲蜂若想成功地麻醉螳螂，必须首先制服这个凶残的剪刀，否则不但不能麻醉对方，自己还很有可能丧生于剪刀之下。

想到修女螳螂对付飞蝗泥蜂的手段，你一定会为步甲蜂捏一把汗吧！可是如果你还记得蛛蜂与蜘蛛的战斗场面，那么你便会意识到“强壮者并非都是勇者”的道理。现在还是让我们看看螳螂和步甲蜂的战争是怎样进行的吧。

一只步甲蜂拖着食物回到洞口，我趁它放下猎物的时候，突然抢走它的食物，将一只活的螳螂放到它面前。

步甲蜂原本默默无声，现在好像为了恐吓对方，突然发出嗡嗡的声响，并在螳螂的身后飞起来。而螳螂呢，似乎仗着自己体格高大，无所畏惧地四腿着地，竖起前身，举起那把令敌人闻风丧胆的大剪刀。为了显示自己的威力，螳螂还不停地将大剪刀反复地打开，一张一合的，好像随时能将步甲蜂的身体剪成两段。步甲蜂一直在它的身后飞舞着，螳螂不停地转头，准备随时反击。

大剪刀的一张一合并没有吓退步甲蜂，它始终在螳螂的后面左右飞舞。这样僵持了一会儿，不停转头的螳螂被自己这个不断重复的动作给弄晕了，

就在它稍有迟疑的时候，步甲蜂抓住机会，扑到螳螂背上，用自己的大颚迅速抓住螳螂的脖子，用腿绕住螳螂的胸部，然后掏出麻醉针，闪电一样扎在螳螂的前腿窝上。

麻醉效果是很明显的，前腿窝被刺中的螳螂，再也没有力气挥舞它那一双有力的大剪刀了。然后，步甲蜂从螳螂背部往下滑，退了大约一指长的距离，又伸出麻醉针，在螳螂的后面两对腿窝里也刺了一下，螳螂便躺在地上一动不动了。步甲蜂停下来，拍拍翅膀，将触角放到嘴里打磨一阵子，又等了一会儿，便抓住螳螂的脖子，用腿绕着它，将它拖走了。

对解剖学的本能了解

如果不看“麻醉”这一部分，你能猜到步甲蜂是怎样战胜螳螂的吗？

我猜到了。

根据从泥蜂那里得来的知识，螳螂若是被麻醉的对象，那么它的神经应该相对集中。螳螂总是用那把像剪刀一样的前腿来攻击敌人，那么它的前腿附近一定有神经块。步甲蜂为了确保幼虫进食的安全，还要避免螳螂的下半身乱动，那么也必然会麻醉它的下半身，因此螳螂的下身中，必然也有一个神经相对集中的地方。

步甲蜂与泥蜂的相似性使我有了猜想，而我对螳螂做了一个简单的解剖，进一步证实了我的对神经块的猜想。

螳螂有三个神经带，第一个是主要指挥那双像大剪刀一样的前腿，第二个在下半身，指挥后面四只腿的动作，第三个则在腹部。这三个神经块中，真正重要的是第一个神经块，这是三个神经块中最大的那一个，“大剪刀”能否发挥威力、发挥多大的作用，全靠这个神经块。

我推测，步甲蜂若想战胜螳螂，首先必须解除它最危险的武器，使那把大剪刀无法张合，剪刀上的锯齿无法抓、勾，而要做到这一点，首先就要破坏剪刀的指挥中心，麻醉第一个神经块。

第一个神经块被麻醉之后，螳螂就失去了最有力的武器，但它后面四只腿仍然能动，仍然有一定的反击能力，但这个反击能力要弱得多。那么，已经占据上风的步甲蜂，就可以轻松地对后腿附近的神经块进行麻醉。

至于第三个神经块，腹部神经，它只是为了维持螳螂腹部的抽动，对敌人没有实际的威慑力，不麻醉也没有危险，步甲蜂对这个地方，就马马虎虎了。

结果怎样呢？当你看完步甲蜂与螳螂的实战表演之后，你一定会发现，

我的推论与步甲蜂的实践完全相符，果然是先麻醉前腿部分的神经块，然后后退到后腿部分，麻醉第二个神经块。自己研究的结论与昆虫的实践保持了一致，这不是一件令人振奋的事吗？

这里插一句题外话。在步甲蜂的实战表演中，我发现它麻醉完第一个神经块之后就后退，这个后退与毛刺砂泥蜂麻醉黄地老虎幼虫这种多体节的猎物相似，只不过毛刺砂泥蜂是一步一步退，一个体节一个体节地麻醉猎物，步甲蜂的猎物只有两个必须麻醉的神经块，所以它只退了一步。

这说明，步甲蜂原本就清清楚楚地知道螳螂神经块的所在地，就像毛刺砂泥蜂原本知道多体节猎物的神经块在体节交接处一样。它们如此了解解剖学上的知识，我认为这种了解，只是本能而已，不是进化的结果，也不是遗传。

因为，如果说步甲蜂在解剖学上的认识是进化的结果，那么它们对任何昆虫都应该会使用这种战术。可是，当我将一只剪掉后腿的蝗虫放到步甲蜂面前，步甲蜂却没有实施它的麻醉术，而是一声不响地走开了。并非因为步甲蜂不吃蝗虫肉，而这样一只缺少后腿的蝗虫，在步甲蜂眼里根本就是一个怪物，不是被麻醉的对象。我只是稍微改变了一下猎物的外表，步甲蜂就什么也不会做了。因为本能告诉它，麻醉术是按部就班进行的。猎物稍微发生一点儿变化，它就不知道怎么办了。

低能儿

自然界有这样一种草，它的叶子上有一种黏性物质，小飞虫、蚂蚁等小昆虫，从这种草附近经过，就会被它粘住。我曾见过一只拖运螳螂的步甲蜂，在经过这种植物时，螳螂的肚子被草粘住了。只见步甲蜂拉着螳螂拼命地飞，努力想将螳螂从草里拉出来。可是20分钟过去了，费劲全身力气的步甲蜂仍然没能将螳螂拉出来，最后只好放弃了辛辛苦苦狩猎的成果。

可是，如果步甲蜂的智慧是进化的结果，那么这件事再简单不过：它只

需抓住螳螂肚子上方的皮肤，将它拉出来就行了，而不应该依旧抓着螳螂的脖子，使劲地往上拉。这是一个很简单的力学问题，了解解剖学的步甲蜂却不了解这个。很明显，就是因为它很低能，不会推论。

其实自然界中还有很多这样的现象。

有一些蚂蚁喜欢吃糖，它们到达蜜糖所在地时总要经过一座“桥”。可是现在桥中断了，它们便被挡住了去路。如果它有智力的话，只需用几粒沙子填在阻断的地方，踩着沙子过去就行了。可是它们不懂得这个，它们只知道找一个非常非常大的土块填平中断的道路。一个大土块不是很难找、很难搬运吗？为什么不试试随便找两三个小土块填上？它们不懂，它们只知道碰到断路就用东西填平，这是本能，但是本能却不会告诉它们怎样做更省事。

狐狸是一种诡计多端的动物。拴住它，将一个饭盆送到它面前几步远的地方。出于本能的需要，它会拖着绳子，拼命地向饭盆靠近。如果饭盆还有几步远的距离，那么它只能眼睁睁地看着，没办法吃到嘴里。可是它为什么不转过身去，用后腿将饭盆拉到自己身边呢？这样，身子的长度就

可以弥补绳子的短缺，可是它不懂，进化并没有赋予它这样的智慧。

还有我的狗，如果我将它关进房中，门虚掩着，出于本能，它只知道透过门缝，像步甲蜂那样拼命向前拉一样，用尽力气向前冲，通常这样是走不出去的。如果它的智慧是进化的结果，那么它应该会想到，只要将门闩轻轻地向后拉一下，它就可以打开门，恢复自由。但这种方法需要一个后退的动作，它没有这么高的智慧，本能只告诉它向前冲。

步甲蜂只知道拉着被粘住的螳螂向前拉，却不知道用其他方法帮自己摆脱困境，这就是它愚蠢和无知的一面。解剖学这么高深的科学，它天生就知道，为什么这点小小的办法却想不到呢？很明显，它那点解剖学知识，只是先天的本能而已，而它们在其他任何方面，是完全没有智慧的，智力非常低下，没有智力进化的可能。

小贴士：昆虫们的蛹室

很多昆虫都能造出牢固而又漂亮的蛹室，哪怕它们使用的方法一点儿也不同。

泥蜂的幼虫在结茧的时候，会先用白白的丝织出一个水平的锥形囊，并在这个囊中为自己留一个出口。当然，为了安全，它还知道将丝线拴在房子的隔墙上。现在，这个锥形囊已经像一个渔网那样牢固了。这时候，泥蜂幼虫就爬进“渔网”中，头朝下，从住房里采一些沙粒，然后将沙粒一粒一粒地镶嵌在丝织的锥形囊内部。为了保证这些漂亮的沙粒不落下来，它还会排泄出一种黏黏的液体，这些液体就牢牢地粘住沙粒，使它乖乖地待在丝囊里。等液体变硬了，锥形囊就变成一个又结实又华美的居室了。最后，它用沙粒和丝编织好大门，将大门与锥形囊缝合起来，幼虫就可以安安稳稳地躺在里面过冬了。

步甲蜂的蛹室表面看来与泥蜂的差不多，只是它们建造蛹室的方法不同而已。步甲蜂的幼虫在结茧的时候，会先在自己身体上织一圈丝带，并将这些丝带与蜂房的隔墙拴在一起。它身子的周围也会事先准备好一堆沙子，丝带织完，它就将沙粒铺在丝带上，之后排泄出黏黏的液体，将这些沙粒固定在丝带上面。然后，它再次往自己身上织一圈丝带，再铺一层沙粒，用黏黏的液体固定好，如此反复，直到自己半个身子都是这种丝带、沙粒混合物了，才会为自己建造一个大门，将自己封闭起来。

大唇泥蜂制造蛹室的方法与它们差不多，只是它的蛹室更坚固，也更宽敞。它与泥蜂的建造方法相似，也是先造一个白色的丝囊，只是这个丝囊有两个口。一个口向前开，口很大，另一个就开在旁边，口很小。从前面的开口中，大唇泥蜂不断运沙子进来，然后将这些沙粒镶嵌在丝囊内，直至丝

囊变成一个帽形的拱顶，它就可以封闭这个大门了。为了完善房子的内部结构，它还需要少许沙粒，于是就像泥蜂那样，大唇泥蜂头朝下，从那个小口那里采集沙粒，再重复镶嵌的工作。直到它对自己的居室非常满意了，这才封闭了小口。由于这个小口里外都镶嵌了沙粒，所以与泥蜂的茧相比，大唇泥蜂茧不但更大，而且在小口处多出来一块突起的沙粒，所以我们很容易将大唇泥蜂的茧与泥蜂的茧区分开来。

回想它们食物的相似性，现在又造了类似的房子，但我们仍不能将它们归结为同一种昆虫。尽管它们狩猎的方法很相似，都是麻醉术，但由于这些细微的差别，我们只能说，它们是从不同学校毕业的学生，因为跟随不同学派的老师学习，学会了各自不同的技艺，因此产生了这样的结果。

图书在版编目（CIP）数据

狡猾的超能力：红蚂蚁、狼蛛 /（法）法布尔（Fabre, J. H.）原著；胡延东编译. — 天津：天津科技翻译出版有限公司, 2015.7

（昆虫记）

ISBN 978-7-5433-3501-1

Ⅰ. ①狡… Ⅱ. ①法… ②胡… Ⅲ. ①膜翅目－普及读物 ②狼蛛科－普及读物 Ⅳ. ①Q969.54-49②Q959.226-49

中国版本图书馆 CIP 数据核字（2015）第 103977 号

出　　版：天津科技翻译出版有限公司
出 版 人：刘 庆
地　　址：天津市南开区白堤路 244 号
邮政编码：300192
电　　话：（022）87894896
传　　真：（022）87895650
网　　址：www.tsttpc.com
印　　刷：三河市兴国印务有限公司
发　　行：全国新华书店
版本记录：787×1092　16开本　8印张　160千字
2015年 7 月第1版　2015年 7 月第 1 次印刷
定价：23.80元